如何不纠结 怎样不折腾

RUHE BUJIUJIE ZENYANG BUZHETENG

李贝林■著

不抱怨世界中 开解心结的终极法则

中国言实出版社

图书在版编目（CIP）数据

如何不纠结　怎样不折腾 / 李贝林著.—
北京：中国言实出版社，2013.8
ISBN 978-7-5171-0160-4

Ⅰ. ①如… Ⅱ. ①李… Ⅲ. ①人生哲学－通俗读物
Ⅳ. ①B821-49

中国版本图书馆CIP数据核字（2013）第172753号

责任编辑： 郭江妮

出版发行　中国言实出版社
地　址：北京市朝阳区北苑路180号加利大厦5号楼105室
邮　编：100101
电　话：64966714（发行部）　51147960（邮　购）
64924853（总编室）　64963107（三编部）
网　址：www.zgyscbs.cn
E-mail：zgyscbs@263.net

经　　销　新华书店
印　　刷　北京紫瑞利印刷有限公司
版　　次　2013年8月第1版　2013年8月第1次印刷
规　　格　710毫米×1000毫米　1/16　15印张
字　　数　215千字
定　　价　32.00元　ISBN 978-7-5171-0160-4

前　言

如何不纠结，怎样不折腾
——不抱怨世界中开解心结的终极法则

有人说：人的一生始终都在纠结中度过，一个人的时候纠结，两个人的时候也纠结；没工作时纠结，有工作时更纠结；没钱时纠结，可当了老板还是天天在纠结；朋友少的时候纠结，多了以后更纠结。由此，我们开始感叹，生活真不容易，于是，一股无名之火在没有预报的时候就会爆发，一个人在那里自怜哀叹，觉得自己仿佛被整个世界抛弃了一般。可转念想想，世界真的就没有自己的一席之地了么？尽管它很复杂，但细细分析它还是没有完全失去理智。如果你还知道自己应该做什么，想要做什么，说明你还是可以摆脱各种各样内心的纠结，找到自己真正需要的生活。

纠结是一种社会现象，是我们每个人心中的一种莫名的躁动。有时我们根本不知道自己这样做会带来什么样的后果，有时我们在选择中徘徊不定，有时我们被短暂的海市蜃楼冲昏了头脑，当自己发现一切都只是浮云以后，心中充满了沮丧和无奈。这个世界怎么了，而我们自己又怎么了？我们不再相信任何人，包括自己。我们不再拥有心如止水的意境，而是将本来很简单的事情想得越来越复杂。直到有一天，当我们彻底放下了内心的各种纠结、屏蔽了外界事物的纷纷扰扰，才发现曾经的自己其实并不聪明，很多以前自己骄傲的事情，现在看来都是那么愚蠢。将内心的躁动平息下来、怀着平静的心情去审视纠结的困扰，你才会真正发现自己存在的价值，明白什么才是真正的快乐和幸福。

本书以社会中各种纠结的问题为中心，通过一个又一个案例重现生活场景中的各种纠结，并帮助读者找到源头所在，从而解开心结、回归平静，以一种崭新的姿态从容应对人生，更好地经营生活。

目录

CONTENTS

如今的社会是越来越复杂，不少人心中都有着那么一点点不安的躁动，而这种躁动的情绪几乎影响了我们生活的方方面面。有的男人吸烟酗酒成瘾，有的女人疯狂购物消费。看着90后们有的把头发染成了绚丽的颜色，出口成章地相互调侃，在感叹时代不同的同时，自己内心真的就那么舒服吗？这个社会怎么了？而你又是怎么了？浮躁的情绪从何而来？还要持续多久？这一连串的疑问会让你感到茫然，而之后延伸出来的一连串纠结更会让你感到一种少有的无助，其实，我们每个人都在等待着一个答案，只不过到现在为止很多人还不知道它是什么。

每个人的内心都不会永远保持一片宁静，每个人的世界都承载着太多的困惑，这种纠结的感觉总是让我们对自己产生这样或那样的怀疑，是向左还是向右，是向前还是向后，什么才是正确的选择，而我们自己又是一个怎样的人呢？回顾曾经，我们做过多少错事，又做过多少傻事，这一切都证明我们并不了解自己。而在当今这个复杂多变的社会，不了解自己就意味着迷失自我，于是，我们在不知不觉中没有了方向，也因此失去了前进的动力。

这个世界越来越复杂，要想在它的规则里生存下去，摆脱种种生活的困境，很多人首先会想到要在职场上给自己谋一条出路。或许很多人在迈入这个门槛时就已经有了书到用时方恨少、钱到月底不够花的纠结，或许在不知不觉中开始自己一年之间连环跳的征程，还有可能因为不了解办公室政治而深陷绝望。这时候我们开始对自己产生了怀疑，自己怎么了？工作怎么了？而你真正想要的是什么？职业究竟是实现理想的必经之路？还是一种维系自己温饱的生存手段？老人们常说："有好工作就有好生活，有好工作就有好前程。"到了这个时代，好工作真的仍然还是你维持生存的唯一条件吗？

工作越来越难找，用人要求越来越高，从学历到经验、从技术到语言、从素质到修养一个都不能少，于是教育行业在社会中迅速发展起来。为了能够让自己活得更有自信，为了给自己的成功积聚资本，很多人将辛辛苦苦赚来的钱投入再教育，只要脑袋里还有一个缝，就要用知识将其填满。可是，你有没有想过这些东西真的就那么有用吗？你的大脑里究竟承载了多少可利用的资源，又有多少资源一直处于闲置状态？学习固然重要，但是盲目地学习却是一件很可怕的事情，它浪费我们的时间，浪费我们的脑细胞，甚至还会让我们的思维不再清晰。醒醒吧！好好地将思维过滤一下，看看哪些有用的知识需要唤醒，而又有哪些东西需要让他们永远地沉睡下去。

不管你承认不承认，人都是一个离不开群体的动物，我们每天要遇见各种各样的人，处理各种各样的事情，这时候你能不能搞定身边的人，直接关系到你今后能否成功、未来前程是否光明。这个念头，遇上好人是幸运的，因为他可以帮助你靠近理想，但得罪了不该得罪的人是倒霉的，因为他很可能把你带进爬不上来的陷阱中。人们常说出门靠朋友，可是如今什么才称得上是朋友？彼此之间存在的是真实的友谊，还是一种相互利用的关系？在这样现实的社会里，每个人心中都开始为此而纠结，不知道友善和逐利之间该如何取舍与选择……

生容易，活容易，可是生活不容易。当我们开始自立门户，开始每天盘算着自己柴米油盐那点事儿，开始为车险、房贷、孩子教育经费而盘算不清，为了心中那最后一点点小小的奢望而节衣缩食，却发现生活本身的幸福在不知不觉中消退，那脑海中的美好渐渐地夹杂了那么多苦涩的味道。当年想要的一切都有了纠结，于是我们开始扪心自问，到底想要什么样的生活？而这样的生活能够给予我们什么？是幸福，是骄傲，还是一个又一个永无休止的贪婪？

每一天，每一月，每一年，我们都在随着时间的逝去慢慢成长，当我们离开校园，踏上社会，当我们将一腔热情投身到工作当中，我们会发现事情没有我们当初想象得那么简单。我们会在工作的过程当中碰到这样那样的困难，遇到这样或那样的挫折。当我们当初的梦想和现实发生冲突的时候，我们的内心变得纠结，我们开始变得迷茫，不知道该如何面对这个社会。这个时候，我们需要让自己的内心变得强大起来，内心变得强大了，我们才不会被别人所左右，我们才会走自己的路，坚定不移！

喧嚣、喧嚣、还是喧嚣，这个世界存在着诸多的不太平，但是也不完全沉浸在躁动和喧闹之中。当看惯了外面的车水马龙，习惯了生活中的尔虞我诈，此时只希望自己的内心能够摆脱纷纷扰扰的纠结，回归到已经平静而自然的生活中去。其实，人生这辈子，钱固然是重要的，物质也是必须有的，但当我们尝试着放下一切，享受生活，感受人生，那么生活就会赋予你别样的状态和色彩，而你的心灵也就因此重新回到了健康的轨道而变得清澈、宁静、释然。

第一章 纠结百态篇：抑制浮躁的情绪——生活为什么会这样？

如今的社会是越来越复杂，不少人心中都有着那么一点点不安的躁动，而这种躁动的情绪几乎影响了我们生活的方方面面。有的男人吸烟酗酒成瘾，有的女人疯狂购物消费。看着90后们有的把头发染成了绚丽的颜色，出口成章地相互调侃，在感叹时代不同的同时，自己内心真的就那么舒服吗？这个社会怎么了？而你又是怎么了？浮躁的情绪从何而来？还要持续多久？这一连串的疑问会让你感到茫然，而之后延伸出来的一连串纠结更会让你感到一种少有的无助，其实，我们每个人都在等待着一个答案，只不过到现在为止很多人还不知道它是什么。

一、张口闭口想骂人，为何火气这么大？

浮躁的社会，烦乱的情绪，生活看似平静，而心里确实风起云涌，贫富差距太大，心里的想法因各种各样的限制而不能实施，心中的抑郁和不满在不断地膨胀，恨不得自己也能像个泼妇一样在大庭广众之下好好地破口大骂一场，于是，这种火气好似莫名地从天上倾注到我们心里，似乎时刻在考验着我们的耐力和理智。

每天穿得西服革履地提着公文包，赶公交、上地铁，看着身边一张张皱着眉头的面孔，就算有多么好的一个心情也会在瞬间被这种消极的气氛同化，再加上里面的空气并不清新，时不时地还会有人发神经的因为你不小心挤了他一下，报复性地把你早晨精心擦亮的皮鞋狠狠地踩上一个大脚印，然后带着一种幸灾乐祸的神情，摇晃着走出车门。明明你等了好久，车位应该是你的，可你刚要坐下，身边的人一个箭步冲锋在前，把你狠狠地挤到了一边，嘴角微露笑意的看着你，然后得意洋洋地闭上了眼睛。那种心中的怒火在不停地膨胀着，恨不得上去给对方两巴掌，但是碍于情面，也知道你跟他不过是一面之缘而已，只好在心中不停地说服自己，不要冲动，但所有的好情绪在这一刻烟消云散！

你来到了公司，屁股还没坐稳，就听到领导的召唤，一叠子文件就这样摆在了案头，其中不乏一些极为棘手的问题，当你怀着犯难纠结的心思刚要走，对方却把你叫住，然后头也不抬地说："你去给我倒杯咖啡。"于是早晨的那种情绪又一下子涌了上来，也许是出于寄人篱下的不爽，也许就是因为自己看到那一叠子棘手的问题而上司却一推二六五的郁闷，就这样别别扭扭地度过了八个小时。

拖着疲惫的身体下了班，却发现老婆就靠在沙发上看电视，自己回来连一顿热乎的饭都吃不上，于是你再也按耐不住心中的那种气愤，把西服往沙发上一扔，痛痛快快地和对方大吵了一架，然后一下子摔门而出，当自己走出家门却又开始后悔，这点小事不应该影响到家庭的和谐氛围，可心里的委屈又有谁能知道、谁能了解呢？于是，你徘徊在大街上，漫无目的地走着，感叹着社会对自己的种种不公平，感叹着自己生活的不易，未来之路是什么，越想越痛苦，越想越纠结，越想越想骂人……

这样的事情每天都在反反复复地在生活中上演，在我们没有任何思想准备的时候，一切就这样发生了，于是我们总是在心中憋着一口气，在自己心中诅咒着社会，诅咒着得罪自己的每一个人。有些时候我们真的很想好好地发一顿脾气，却经常找错了发泄的对象，有时候我们还有着很强的自控能力，却因为承担不了那么多怒气的负累而泛滥成疾。于是嘴边的笑容少了，热情没了，见到什么人都总是一副呆板冷峻的样子，说话也开始动不动带起刺儿了，仿佛有意在给对方不自在，引起对方的怒气，以此来缓解自己的压力而保持自己心态的平衡。

那么症结在哪里呢？其实细细想来，过分忍耐真的对不起自己，但是爆发出来很可能出现更加不可挽回的局面，不但心情糟糕到了极点，而且对于毫不知情的人很有可能是一场莫名的灾难。其实，我们生活总始终缺一份降低怒气的良药，这份良药就是宽容，宽容别人不公平的对待，宽容上司皱起的眉头，宽容家人一时之间的忘记，这些做起来的确不容易，毕竟我们是人不是神，但至少我们可以用这种方式保持一颗平和的心态，不要让各种各样的消极情绪因为一件小事情而影响了我们每天的生活。

好了，让我们别急着去倾诉自己不幸的生活，先来好好思量一下，还能为自己的未来做些什么，至少能让自己的情绪保持平和，至少不用动不动地想打架骂人，而让身边的人避你不及，你想在这个社会继续生活下去，就必须管好自己的这个毛病，否则像升职加薪、婚姻幸福这些好事儿，这辈子都别想得到了。

静心小妙招

给自己一个暗示

别说这没有用，它可是你保持良好情绪的制胜法宝。每天出家门的时候暗示自己一天的好运，和妻子来一个亲切的拥抱，遇到不爽的事情，告诉自己马上会过去，这样没过几秒钟它很可能就真的过去了，这时候你会发现，原来一切都没有什么，发火真是一件不划算的事情。

把消极写在纸上，然后撕掉

有了怒气，不发泄出来也是不行的，时间长了一定会憋坏，既然如此，不如给自己一个倾诉的机会，把这一切都写在纸上，即便是想骂人也无需克制。当你把满腔的牢骚全部宣泄出来，心也静了，就把它撕掉重新开始吧。我们必须学会和这个世界和解，把该忘掉的彻彻底底地忘掉。

发怒之前先照照镜子

人最不能忽略的就是自己的形象，这就好比我们每天早上起来最关心自己的脸一样。因此，当我们马上要丧失理智的时候，不妨给自己几秒钟好好看看自己，如果觉得自己很糟糕，就尝试着收敛吧！千万不要让镜子面前的自己过于可怕。

浮躁的社会的确让人措手不及，但只要能够找到左右自己情绪的源头，就一定可以用一种淡定的态度去过好自己的日子，不管因为什么事情而纠结，也不管心里究竟承载了多少不满和消极的不良情绪，从现在开始，给自己几分钟好好地安静一下，相信一切只是暂时的，而明天一定会是美好的。

二、别人倒霉我高兴，怪异心态哪里来?

同情弱者并乐于为弱势群体或身处困难中的人提供帮助，这是人之常情。然而，在恻隐之心以外，人们往往也会有其他的感受或反应，比如当看到别人倒霉，自己感觉特别高兴，即便自己并不能从中得到什么好处。这样的心态正确吗？答案显然是否定的。这种怪异心态究竟从何而来？如何纠正这样的怪异心态？

有一部外国小说，里面有这样的情节：一个曾经拥有当地最大庄园的人，因生意失败等种种原因而失去了庄园，他穷困潦倒，不得不以拉小提琴为生。另一位庄园主特意雇佣他来为自己拉琴。这个庄园主看着自己曾经羡慕嫉妒恨过的庄园主沦落到这番田地，心里非常快乐满足。

这部小说里的庄园主是妒恨交加的典型。

而在我们的现实生活中，看到别人倒霉了，心里暗自欢喜的大有人在。

这样的高兴一般有两种情况：一是看到跟自己相关的人倒霉而高兴；另一种

是看到跟自己毫不相干的人倒霉而高兴。

第一种呢，比较容易理解。比如倒霉的那个人是曾经欺压良善、胡作非为、飞扬跋扈的恶人，大家扬眉吐气感到高兴那是理所当然。又比如曾经欺压过自己的人、曾经让自己嫉妒或看不惯的人发生了倒霉的事情，这简直大快“己”心。

如果倒霉的是自己曾经嫉妒或看不顺眼的人，看着他倒霉而高兴，甚至志得意满，这份心理满足是为从前的妒意或压抑的不满找到了心理补偿。

小芬就是这样。她的直接上司王总对她负责的业务不太了解，却喜欢指手画脚，提出各种要求，有的要求令人匪夷所思。跟王总解释清楚什么能做什么不能做就要耗费不少工夫，最后还被王总在会上不点名地批评其态度不好、合作意识差。有段时间，小芬反复地想，什么时候可以拂袖而去，再不受这样的窝囊气？如果王总出了差错，被大老板狠批一顿时，小芬的心里别提有多痛快了。

小何是一个性格温和的人，一般不会跟人直说自己不同的想法。她的同事安妮经常在别人面前显摆自己的背景和“实力”，比如毕业于哪个国外大学，身上穿戴的名牌，到过哪些国家旅游，被多少追求者叨扰等等。每每听到这类谈话，小何都哭笑不得，如果安妮说的都是真的倒也罢了，偏偏小何凑巧认识安妮的老乡，对她的情况知道些根底。甚至有时候，安妮还教导小何，说她不该那么单纯、幼稚之类。小何心里不以为然，但她一向不习惯反驳别人，时间一长，不免有这样的感受：“安妮真讨厌，装模作样也就算了，对我也指手画脚。真想看见她倒霉的那一天——被别人戳破真相！”

所有的情绪都有表达的需求，而压抑的情绪也是带着能量的。当掩藏在内心的嫉妒、不满、压抑的怒气达到一定程度，最终会以各种方式显现出来。当看到引发自己嫉妒、不满、郁闷的人倒霉了，自己的内心会无比高兴，这便是一种发泄的方式。与此同时，内心爆发出一句潜台词：“老天有眼，你也有今天！”

大家都习惯地认为，那些引发自己不满、郁闷的人应该为自己的坏心情负责；使自己心情变差的人应该倒霉，应该承受不好的下场。

与自己相关的人倒霉了，内心的高兴多半跟泄愤、出气有关。然而，当看到跟自己毫无利害关系的人倒霉而高兴——那通常是倒霉的人没受多大的损伤。

比如，大雪天里有人摔倒，弄得一身泥水，狼狈不堪，有些旁观者会忍不住窃喜甚至大笑；大学里有青年学生想要跳水自杀，走进学校的小池塘，因为冬天水太冷，终于又湿淋淋地上岸，消息传出，听到的人可能忘了那人之前要自杀的痛苦和被冷水冻得半死的倒霉，马上谈笑风生地把这事儿广而告之；还有人从新闻里看到跟自己八杆子打不着的人倒霉了，也会觉得蛮开心。高兴之后，自己不免有些觉得不好意思，甚至费解：为什么我会这么高兴？难道我是个喜欢幸灾乐祸的人吗？

看到别人倒霉而高兴，不是高尚，但也不算卑下，简言之，与道德评判无关。

看到之前嫉妒或不满过的人倒霉了，自己终于觉得内心的压抑释放了，这等同于一种弱者的心理满足方式。

但如果放在强者身上，则会有更主动、更灵活的方式来应对。在嫉妒、郁闷之后，强者会在自己身上下功夫，让自己不断强大，这样足以消融嫉妒。即使在某方面不能与人相争，也可以做到坦然地去欣赏别人优于自己的地方，而不太会容不下别人的优点。如果自己内心的力量够强，便很少会让自己敢怒不敢言、

“忍气吞声”，等到对方好不容易“遭报应”时再来高兴一把，他们早在那之前，想方设法地找到了更好的方式来维护自己。

看到和自己不相干的人倒霉了而高兴的，细细想来，一般是带着几分庆幸的：幸亏不是我，幸亏这事不是发生在我身上；还有一些是带着相比之下的优越感，居然有这么笨的人，居然有这么倒霉的人。

跟人做个比较可以让人这么开心，难怪有人给心情不好的人开了张处方：想想比自己更倒霉的那些人，知道自己不是世上最不幸的，心情就会好一些。

看到别人倒霉而高兴，如果这种高兴只是生活的点缀，那无关紧要，但若高兴的程度让自己都有些吃惊，或者常常要到别人倒霉了才能高兴起来，那我们就要深思其原因了。

静心小妙招

看到别人倒霉先别急着高兴

看到别人倒霉或者比自己更倒霉而高兴，这不是什么过错，可以理解。当看到别人倒霉时，请先别急着高兴，要仔细分析一下这样的高兴为什么会发生。大家都想要有好心情，然而，单凭看见别人倒霉而带来的好心情很单薄，不足以持久。毕竟，那不能给任何人带来真正的好处。

为拥有持久好心情努力

如果你把注意力放在拓展自我、发展事业上，在付出努力后逐渐赢得了成功的事业、家人的温暖、同事的信任、朋友的信赖……即便在此过程中充满了困难与波折，但所收获的快乐让人感到无比充实，并且踏实而久远。

三、围观也是冷暴力，热闹真的好看吗？

世界上最有乐趣、最轻松的事大概就是看热闹吧。看热闹的时候，不需要理智，也不需要感情，只需要带着一颗好奇心，便能收获视觉、听觉和心理上的满足。看完了，乐呵乐呵，顺便发上一通感慨，即可走人。如果碰到大场面的热闹，看的时候惊心动魄，看完了，碰到熟人就忍不住向其描述，一连几天都沉浸在那激动热烈的气氛中。大家都有爱看热闹的小兴趣，然而，围观仅仅使你得到视觉听觉心理的满足吗？热闹真有那么好看吗？

2011年10月13日，广东佛山一座五金城内，一个两岁的女童连续被两辆车碾轧。在之后的七分钟里，有18个人相继路过，却视若无睹，他们不但没有出手相救，甚至没有人打电话报警。一旁的监控录像悄然记录下了这一切，于是人们纷纷迁怒于路人的冷漠，甚至有人说冷漠是中国人的劣根性，还有人翻出了鲁迅先生的文字加以佐证。在《经验》一文中，鲁迅先生一针见血地指出：“在中国，尤其是在都市里，倘使路上有暴病倒地或翻车摔伤的人，围观甚至于高兴的人尽有，肯伸手来扶助一下的人却是极少的。”

当然，类似这样冷漠的事件不是只有中国才发生。1964年3月，在美国纽约的克尤公园发生了一起震惊全美的谋杀案。一位年轻的酒吧女经理在凌晨3点回家的途中，被一个不相识的男性杀人狂杀死。这名男子作案时间长达半小时，当时，住在公园附近公寓里的住户中有38人看到女经理被刺的情形或听到她的呼救声，但没有一个人下来保护她，也没有一个人及时打电话报警。事后，美国大小媒体谴责纽约人的冷漠。

然而，两位年轻的心理学家——巴利与拉塔内并没有认同这些说法。对于旁观者们的无动于衷，他们以为还有更好的解释。为了验证自己的假设，他们进行了一项实验。他们让72名不知真相的参与者以一对一或四对一两种方式，与一假扮的癫痫病患者保持距离，使用对讲机通话。在交谈过程中，当那个假病人大呼救命时，事后的统计数据出现了有意思的一幕：在一对一通话的那组，有85%的人冲出工作间去报告有人发病；而在有四个人同时听到假病人呼救的那组，只有31%的人采取了行动！

这样，对克尤公园现象有了令人信服的社会心理学解释，两位心理学家把它叫做“旁观者介入紧急事态的社会抑制”，更简单地说，就是“旁观者效应”。他们认为，正是因为在一种紧急情形下有其他的目击者在场，才使得每一位旁观者都无动于衷，“可能更多的是在旁观者对其他观察者的反应，而不太可能事先存在于一个人‘病态’的性格缺陷中”。

用旁观者效应套入媒体曾报道过的孩童落水事件。旁观者甲本想下水救人，又有些犹豫，他在想其他目击者乙、丙等人的反应。转念一想，这么多人都看到小孩子落水，总会有几位下去救险的，自己就不下去吧。犹豫之间，小孩子被水吞没了。居然没人下水！甲不禁心里有些内疚，再一想，要责怪，要内疚，要负责任，也是和乙、丙等数十人分担，没什么大不了的。于是，他走开了。

无论看的热闹是喜剧还是悲剧，这一行为似乎都能给人带来正性的心理强化。比如有人结婚，邻居们都会凑过去看新娘子，看过之后，有人就会暗暗鼓励自己：他长成那样，都能找到这么漂亮的媳妇，我得加油了，一定能找个更好的。反之，如果看到了坏的热闹，比如哪里汽车追尾了，围观者会得到极大的安慰，觉得自己虽然买不起车，但拥有平安健康，已经很幸福了，更能体会和珍惜自己拥有的幸运。

从心理学角度来讲，从众心理是看热闹的直接推动力，俗称“随大流”。这是因为：一方面，个人的想法和行为容易受到身边人的影响；另一方面，在社会群体中，如果太特立独行，会感到孤立，失去社会角色。另外，看热闹会让人们有与周围人谈话的资本，不然，人家说什么“大事”自己都不知道，岂不是很落伍？这也算是社交中很重要的一部分。

有一则关于看热闹的笑话，是这样的：有一大汉喜欢看热闹，有一天他发现大街上围了一大堆人在看热闹，便冲上去看。因为人太多了，他挤不进去，他灵机一动，说道：“请让一下，我是死者的家属！”大家哗地一下闪出一条道来，他便冲进去。一看，转身就跑。为什么呢？原来死的是头猪。

这则笑话有些夸张，但也说明人们看热闹心理的强烈，其实人人都有好奇心，如果发生了无关紧要、不危及人生命的事，看一下热闹也无妨，就当给自己的生活增添一些乐趣。但若发生了死伤等事情，还抱着看热闹的心态围观，那真真是一种冷暴力了。

看到有热闹可看的时候，我们应该做什么？

静心小妙招

平复想看热闹的心情

当遇到大家都在围观的情况，首先要平复想看热闹的心情，抑制自己的好奇心，先查看是否有危及生命的事情发生，如果没有，那我们可以旁观，同时不要因八卦心太重而忘记自己应该做的事情；如若有危及生命的事情发生，千万不要做旁观者，即使你不想帮助受伤或受损害的人，也可以帮他（她）拨打报警电话。如果每个人都怀有这样的心态，相信我们的世界将会更加美好。

为社会尽自己的一份力

人在社会，我们首先要应该做的是力所能及做好自己的本职工作，讲诚信，讲公德，多为自己的亲人和朋友着想，贡献自己的力量。即使面对陌生人，如果他需要帮助，我们也不要计较得失，要伸出自己的援手。多换位思考，所谓“人在江湖漂，谁能不挨刀”，若日后自己也遇到了同样的情况，是不是希望周围有人能帮帮自己？

四、赚的不多狂刷卡，越花真的会越有？

“提前享受生活”、“花明天的钱圆今天的梦”，在一个个诱人的口号下，贷款买车、买房、买家电、买衣服，信用卡透支消费正成为当今很多年轻人生活中习以为常的行为。时尚带来的虚荣心，提前消费产生的快感，使信用卡在各个现代化大都市里变成了时尚一族，甚至是普通工薪阶层、学生一族都不可或缺的“必需品”。

很多人有这样一种感觉，购买一件可有可无的物品，如果要自己从口袋里掏出现金，一定会权衡利弊，甚至会放弃。但是如果是刷卡支付，则会很爽快，在他们心里，刷卡并不心疼，但是要把一张张的钞票数出去，则会有些不舍。这就是人的心理。只有等到自己拿到账单的时候，才发现发薪日变成还债日，刚刚拿到手的工资，一大半交给了银行。更有甚者，工资不够还卡债。

“工行的工资卡、建行的储蓄卡、招行的信用卡，工行的牡丹卡，日常的消费卡，水电、煤气费的缴费卡，还有旅行卡，一共七张。”做了五年软件工程师的小李拿出钱包随便翻了翻，“家里好像还有几张‘睡眠卡’，估计找不到了。”小李说。

当今，如小李般马虎的“持卡族”不占少数。殊不知，辛苦赚来的钱就在马虎中一点点儿流失了，甚至陷入“卡奴”生活。

何谓“卡奴”？“卡奴”又称“卡债族”，通常是用来讽刺或自嘲的。它是指因为使用信用卡、现金卡透支消费，月薪或收入无法将支出的部分摊平，首期只能缴部分的金额，之后需给付金融机构循环利息、违约金、手续费等费用而背负高额卡债、个人财务周转不灵的人。上海某调查机构对上海市内信用卡使用者开展的调查显示，有26.4%的人承认自己每月薪水用到1元不剩，是典型的“月光族”。并且由于对消费、收入以及负债不能很好的调节，有32.5%的人担心自己会因为过度消费而步入“卡奴”行列。

刚上班两年的周小姐是铁杆超前消费迷，在她的观念中，刷卡消费就是用别人的钱充实自己的生活。这在她最初透支第一张卡，又能即时还款时，她确实得到比别人快又多的享受。随着她超前消费意识的日益膨胀、诱惑的日益增大，仅仅透支一张卡已远远不能满足她的需求。为了在免息期内可以支付第一张信用卡的欠款，她又在另外一家银行申请了第二张信用卡以还清第一张卡的透支，后来又申请了第三张、第四张，如此“卡套卡”，形成了循环透支。而到了最后，由于透支过多，无法在免息期内还清，每个月要负担高额的利息，周小姐变成了一个标准的“卡奴”。每到还款的最后截止日，周小姐就为自己之前的过度消费“痛不欲生”。

最后，还是父母出面帮助她还清了欠银行的两万多元债务。为此，周小姐十分内疚，她说，上大学时就已经花了父母近十万元钱，如今上班了，不仅不能向父母交钱，还要连累他们帮助自己还债。“都是信用卡把我勾的！”她这样抱怨。

在北京一家行政单位工作的小敏，按理说她的工资在同龄人中既算稳定又算较高的。但是，她依然是个欠债族，卡奴就是她最形象的写照。刚到单位上班，她就办理了三张信用卡，当初她的本意是信用卡好保管，用起来方便，即使丢失了，也不会有经济损失，但现金就没有这么多优势。她平日购物、吃饭甚至应急取用现金都使用这几张卡，出手很是爽快。然而，一年过后，她办理信用卡的初衷被她的潇洒改变了，过度地透支，使得她的工资一发下来，就只能到银行还贷。渐渐地，工资也不够支付，她想出了没办法的办法，她只有用其他没有到还款日期的卡套现，取出现金先还上到期的欠款，但是，每到不同的信用卡还款期限很近时，她常常夜不能寐，一则担心失去信誉，二则担心利息越来越高。

小敏说：“从大学时办的第一张信用卡到现在钱包里的好几张信用卡，每月几乎没有现金结余，就是因为使用信用卡花钱有用的不是自己的钱的感觉。有时因受广告宣传的积分换取礼物的诱惑而盲目地购买，每月账单上支取现金需要支付的利息也常是近百元。但是，也正因为自己有这种疯狂刷卡的习惯，一直以来都是一身债，一直在还利息钱，慢慢地让自己陷入了卡奴的牢笼。

欠债还钱天经地义，即使是银行的钱也是如此，但是要明白“以债养债”只能撑着过一时，而不可能过一世。“以卡养卡”“以债养债”最终是要用自己的现金全额还款的，国外曾出现持卡人在刷爆多张信用卡后破产的例子。

过度透支信用卡既会增加手续费和利息支出等我们的财务成本，也会形成寅吃卯粮的不良消费习惯，使自己的经济陷入困境。

当我们看到铺天盖地的广告，面对玲琅满目的商品，再加上银行推出各种诱人的“办卡送好礼，刷卡有积分”活动，应该如何应对，才能避免自己狂刷卡而沦落为卡奴呢？那就是冷静冷静再冷静，理性理性再理性。

静心小妙招

养成良好的理财习惯

在我们经济刚刚独立之时，首先要养成良好的理财习惯，过一种财务上有节制的生活。努力工作，不断增加自己的收入，同时控制支出，注意投资和保险，谨慎负债。不要把信用卡用到没有信用，改变了使用信用卡的初衷，这样最终会导致自己成为卡的奴隶。而对于“月光族”而言，更需要先理财后消费。

选卡要谨慎

刘翔卡、MSN迷你卡、世界杯主题卡、英镑卡、航班延误保障卡，一时间，各种各样的新型卡片闪亮登场，网住了各位爱卡族的眼球。找到一张适合自己的银行卡才是最佳选择。在我们选卡前要根据各类型银行卡的收费、品牌、福利、便利、外观等因素综合考虑，选择一款最适合自己的卡。选择时，必须仔细地阅读发卡机构的信贷资料。另外，年息率、各项收费和延期付款也都会影响信贷的总成本。因此，事先研究好自己的各种习惯，如还款习惯等，然后再做抉择，才是最明智的做法。

如果你是一个自制力相对较差、花钱欲望旺盛的人，最好不要办理或使用信用卡，而选择使用储蓄卡消费。因为储蓄卡在保持了便利的特点外，不能够透支，有多少花多少，这会在很大程度上减小消费欲望。

刷卡消费要适度

在我们购物时，一定要保持清醒的头脑。要清楚信用卡的基本功能是用来消费的，是一种辅助的支付结算工具，千万不能将属于债务范畴的信用额度当作收入来使用。可以使用信用卡来刷卡消费，但尽量不要使用信用卡透支取现。因为和信用卡刷卡消费相比，信用卡透支取现由于没有免息期，所以成本要高得多。信用卡取现容易让人陷入“拆东墙补西墙”、“以债养债”的恶性循环中。如果循环往复地处于消费、还款、支付利息的状态，一时消费的快感会被接踵而至的还款账单冲淡，甚至会因焦虑而影响健康。

减少不必要的开支

养成记账的好习惯，在我们每支出钱后记录下来，可以使用记账本、电脑软件等辅助工具进行记账。每隔一定时期，如一周或一月，进行统计，了解自己的花费项目，做出总结，统计不必要的开支项目。日后再消费时，多考量这件物品是否是自己不可或缺的。

五、背地里面玩阴招，损人真能利着己？

浮躁的社会、复杂的人际关系、巨大的经济压力经常压得我们透不过气，尤其面对身边表里不一、笑里藏刀、阳奉阴违、两面三刀的同事或朋友，更加让我们无所适从。明明和你称兄道弟，却在上司面前说你坏话；明明和你说好一起做完项目共分奖金，却向上级报告自己如何克服困难完成项目……这一切，令你感到头疼，该如何面对这样的情况？该如何躲避这种事情？该如何识别这类人？

魏敏最近郁郁寡欢，她想不到的是跟自己认识两年的同事兼死党陈静竟会在同行业跟自己公然竞争。陈静是一个离了婚的女人，她刚到公司的时候，对这个行业没什么经验。作为部门主管的魏敏自然成了她的入行老师。那个时候的陈静对魏敏嘴可甜了，左一个“魏姐”，右一个“魏姐”地叫，陈静下班后还会到魏敏家串门。

魏敏是个颇具人情味的上司，她对于他人的好意从来不懂得拒绝，比如陈静经常给她两岁的儿子买小礼物，魏敏则经常手把手地教陈静一些经验。

两年后，陈静辞职去了另一家公司，她竟然成了魏敏公司最大的竞争对手。她抛出了魏敏曾经给她透露过的一些公司计划，来了一个“先下手为强”，搞得魏敏措手不及。

工作生活中，我们可能会遇到类似陈静这样的人：他（她）可能对你甜言蜜语地套近乎，却是为了窃取你的劳动成果；他（她）可能在你面前把你夸得飘飘然，让你什么都告诉他（她），背后却拿你不经意透露的信息去跟老板告密；他（她）可能经常在你面前装得可怜兮兮，只是为了你主动让出升职的名额；他（她）可能热心肠地邀请你跟她一起负责某个项目，只是为了在出问题时可以让你背黑锅；他（她）可能经常给你小恩小惠，却在关键的时候勒索你一把大……害人之心不可有，防人之心不可无。本想大家以诚相待，却不小心被人利用了你的善良和诚信。

如何识别笑里藏刀、两面三刀的他（她）？笑里藏刀的人有什么特征？

1．他们总是表现得过分热心

他们总是对你很热心，总喜欢给你一些小好处，当你遇到什么事情，他（她）总是热心肠地“扑”上来发表一通感慨，表示一定会帮你怎样怎样，然而从没付诸实践过。他们总是没来由地拉拢你，依赖你，甚至为你安排一些活动，喜欢说“咱们一起去……”。

2．他们的神态表情有异样

你以为那些喜欢笑里藏刀、阳奉阴违的人整天都低着头、不敢正视别人的眼睛，而且目光躲闪吗？No，“笑里藏刀”的人很会掩饰自己的心而不轻易被人察觉。不过，这些人还是有一些特征的，比如，笑的时候显得不够放松，举止轻浮，言语中有一些不检点的成分。说话明显有经过大脑考虑，生怕一个不小心说错话。

3．他们总喜欢跟你保持一致

他们常常自称跟你的经历出奇地“相似”，每当你说到一件事时，他（她）就会应和地说“我也是”，总是给你造成“同是天涯沦落人”的感觉。他（她）总要处处和你一样，比如，本来你们从外在到内在，都有着显而易见的差异，但他（她）总是殷勤地说：“咱们相似得就像两姐（兄）妹啊！”

如果你经常仔细观察周围人的言谈举止，时间久了，一定能很快辨别这类人。记住，在你相信一个人之前，要学会对他进行全面地观察和考验，不要一味地以为“对方是善良的”，因为每个人都有私心，你无法阻止他们可能利用了你的善良去达到自己的某些目的。

杨帆在一家金融机构工作，是办公室公认的乐于助人的人。有时候同事委托她帮忙，她总能无差错地完成。有一次，她和另一位同事出差在外，同事有些水土不服，于是拜托她做一下单子，她爽快地答应了。

杨帆发现有一张单子的数目可能有问题，就问同事是不是需要核查一下，同事在洗手间里说没问题，她都核对过了。于是杨帆帮同事把单子都做完了。结果回到公司后几周，经理找杨帆谈话，大意是公司因为杨帆做的错误单子而产生了经济损失，要她自动辞职。杨帆心里清楚，这是同事犯的错，她找了同事在经理面前对质，没想到同事竟然说她没有经手过这张单子。因为单子上签的是自己的名字，同事又不承认这张单子是委托杨帆做的，结果杨帆不得不背上这个黑锅，递交了辞呈。

大家常说“商场如战场”。平时大家可能和和气气，亲如一家，但是一旦面临晋升、加薪、裁员等利益问题时，合作关系很可能就会变成竞争关系。如果你还是没心没肺地以为“你好我好大家好”，很可能就会遭到“暗算”。所以在办公室中，你不妨适度表现得“泼妇”一些，因为显得过于善良会让人以为你是一个好欺负的人。

我们无法阻止别人阳奉阴违、笑里藏刀，但是我们应该学会辨别这类人，并在和这类人打交道的时候，要保持警惕之心，以防成为他们的“攻击”对象。

当然，除了要躲避阳奉阴违的人，我们还要提高自身素质和修养，保持“众人皆醉我独醒”的状态。

静心小妙招

改变自己，笑着接受

我们总是希望自己可以做得更好，可以得到更多，我们希望自己很漂亮、很富有、很有才能，同时也希望自己能够一帆风顺、事事如意，但人生从来都不会天遂人愿，世事多是无奈。而世界往往给了我们两种选择，要么去适应，要么去改变。每个人都想着改变世界，不过却总是有那些不可以左右和控制、不能任意改变的东西存在。它常常会使不知所措，不知道是继续坚持自己的理想，还是该作出妥协。

我们总是认为生活让我们变得无奈，甚至被推入了绝境。但事实上，在看似无路可走的境况中总有前进的方向。不论愿意与否，在必要的时候，我们也需要接受降职、接受减薪；接受病痛、接受伤害；接受失恋、接受离婚；接受不想要的东西，接受不想见的人。然而，接受苦难和无奈并不意味着痛苦和不幸。生活总是反转剧，你永远不知道下一秒有什么好事会发生。

人若想要得到幸福，首先应该懂得放下那些能够放下的痛苦，而痛苦常常来自我们对于生活的无能为力。所以，与其痛苦地面对那些不可改变的事实，不如笑着去接受，给自己的心情一个放松和适应的机会。有位哲学家曾经这样祈祷道："祈求上天赐予我平静的心，接受不可改变的事；给我勇气，改变可以改变的事；并给予我分辨此二者的智慧。"

淡看人生起起伏伏

人生不过是一场寂寞的烟花，越是绽放得灿烂夺目，越是要体味寂寞和无奈。我们享受到了烟花的绚丽绽放，却常常不愿意承受烟花绽放后的落寞；我们享受过青春的激情，却常常无法面对青春逝去后的无奈；我们品尝到了爱情的美妙，但却害怕见到爱情远去后的模样；我们习惯了繁华的幻影，却担忧着繁华过后的芜杂和虚无。

生活告诉我们，人不可能永远拥有而不失去，有得便会有失，这是亘古不变的道理。"夕阳无限好，只是近黄昏。"美好的东西似乎总是容易逝去，所以我们总是一方面带着美好的期待，享受着生活，同时又在为失去时的无奈而忧心忡忡。雪花飘飞得再优美，最终也要融化成水；花儿开得再艳丽，也无法避免碾落成泥；潮水来得再波澜壮阔，也会有落潮时的寂静。人生亦是如此，体验得到的快乐，但也难免要忍受失去时的苦楚。

第二章 自我纠结篇：直面心中的困惑——你（我）究竟是个什么样的人？

每个人的内心都不会永远保持一片宁静，每个人的世界都承载着太多的困惑，这种纠结的感觉总是让我们对自己产生这样或那样的怀疑，是向左还是向右，是向前还是向后，什么才是正确的选择，而我们自己又是一个怎样的人呢？回顾曾经，我们做过多少错事，又做过多少傻事，这一切都证明我们并不了解自己。而在当今这个复杂多变的社会，不了解自己就意味着迷失自我，于是，我们在不知不觉中没有了方向，也因此失去了前进的动力。

一、都说自己没有错，难道总是别人错？

我们每个人在天性中都存在一颗“黑暗的种子”，那就是好逸恶劳、推卸责任。遇到情况时，人们往往会出于本能把好的事情往自己身上揽，把坏的事情往别人身上推，如果你不对自己这颗“黑暗的种子”严加管控的话，就很容易陷入找借口、推卸责任的圈子里去。都说不是自己的错，难道总是别人错？遇到问题，我们需要做的是推卸责任吗？承认自己的过错真有那么难？我们必须负起自己应该承担的责任！

许多人之所以平庸，其原因就在于他们万事都要找借口。学习不好，说父母遗传了笨蛋基因；高考落榜，说发挥不正常；找不到工作，说自己没有后台；工作不顺利，说现在经济大潮不好——所有的失败都有借口。于是，他们便在一个个借口中开始沉沦，得到解脱，得到一种阿Q式的精神慰籍，然而这样只能让他们更加平庸！

有这样一个寓言故事，说的是三只老鼠合伙去偷油。它们在经过周密而又细致的侦察后，终于发现了一个装满油的油瓶。来到油瓶前，又是一番商议，最终达成一致意见：轮流上去喝油。

于是，三只老鼠采取叠罗汉的办法，一个踩着一个的肩膀，迅速向上爬……当第三只老鼠爬到第二只老鼠肩膀上，刚碰到瓶口时，不知什么原因，油瓶倒了。响声惊动了事主，一声断喝，三只老鼠仓皇而逃。

回到窝里，它们立即召开会议，分析和查找这次行动失败的原因，并研究追究这次行动有关责任老鼠的责任。

最上面的老鼠说："第一，我没有喝到油，刚碰到瓶口；第二，就算是我碰倒了瓶子，那也是有原因的，因为在我下面的老鼠动了一下。所以，我没有责任。"

第二只老鼠说："我是动了一下，可也不能怪我呀，那是因为我下面的老鼠抽搐了一下，我实在没办法呀。所以，我没有责任。"

第三只老鼠说："你说得没错，我的确抽搐了一下，但我是听到门外有猫在叫啊，你说我能不抽搐吗？所以，我没有责任。"

经过一番讨论，大家一致意见："责任不在老鼠，而在那可恶的猫。"

这个寓言故事看起来很滑稽，让我们感觉老鼠们的好笑。可遗憾的是，在我们人类的圈子里，像老鼠这样的也是不乏其人的。殊不知，"推卸责任"的问题有多严重，通常考察一个人的道德素质，就是要看这个人是否有事业心、责任心。

辩解，一个看似合理的行为，其实在它的背后隐藏的却是人性中的逃避和不负责任。在事实面前，没有任何理由可以被允许用于掩饰自己的过失，把自己应该承担的责任转嫁给他人。所以，只有勇敢地接受并想方设法地去完成任务，才是你力争成功的不二选择。

苏珊出身于中国台北的一个音乐世家，她从小就受到了很好的音乐教育，非常喜欢音乐，期望自己的一生能够驰骋在音乐的广阔天地，但她阴差阳错地考进了大学的工商管理系。一向认真的她，尽管不喜欢这一专业，可还是学得格外刻苦，每学期各科成绩均很优异。毕业时，她被保送到美国麻省理工学院，攻读当时许多学生可望而不可及的MBA，后来，她又以优异的成绩拿到了经济管理专业的博士学位。

如今，她已是美国证券业界的风云人物，在被采访时，苏珊依然心存遗憾地说："老实说，至今为止，我仍不喜欢自己所从事的工作。如果能够让我重新选择，我会毫不犹豫地选择音乐。但我知道那只能是一个美好的'假如'了，我只能把手头的工作做好……"

当被问到："既然你不喜欢你的专业，为何你学得那么棒？既然不喜欢眼下的工作，为何你又做得那么优秀？"苏珊的眼里闪着自信，十分明确地回答："因为我在那个位置上，那里有我应尽的职责，我必须认真对待。"

"不管喜欢不喜欢，那都是我自己必须面对的，都没有理由草草应付，都必须尽心尽力，尽职尽责，那不仅是对工作负责，也是对自己负责。有责任感可以创造奇迹。"这是许多成功人士获得成功的秘诀。

所以，当我们面对生活的种种坎坷，面对工作的种种挫折，必须要做的是负起责任，从自身找原因，而不是不断推诿，推卸责任只能让我们越来越无法面对自己。

小李的公司主要提供网站建设服务，为企业提供电子商务平台产品。最近和某小公司谈业务，可是来来回回已经提交了3份网站建设框架方案建议书了，客户依然不满意。由于是小公司，所以网站建设的费用不是很高，而客户又有太多的要求，小李已经有些不耐烦了。于是他向经理汇报，准备放弃这个客户了。

经理让小李把方案建议书拿过来看一下，看是不是哪些地方还不完善。经理拿过几份方案书一看，基本上是大同小异，就是零星几个栏目名称有些变动。经理问小李，是否和客户进行过详细交流。小李说因为要跟其他的客户谈业务，所以没有时间。经理又问小李，是否对该企业的平台需求进行过调研。小李说宣传型网站基本上就是这个框架，所以没有调研。

经理一下子就火了，对小李说："你这是对工作负责的态度吗？没有经过调研，没有和客户交流就提交方案书，让你改方案书你就敷衍了事，如果我是客户，我也不接受。"小李嘟囔着说："不是我的责任，主要是客户太挑剔了。就那么点钱，还要这要那的，差不多就可以了。可他偏不干，就没碰到过这么难缠的客户。"

看到这里，你觉得小李对工作有责任感吗？以他这样的工作态度，能签下这笔业务吗？如果这笔业务不能签约，又是谁的责任呢？

人的行为有的会为自己带来成功和收益，有的也会给自己带来失败。但无论怎样，只要事情是自己做的，你都应该为自己的行为负责。人总是喜欢给自己找借口。其实无论你怎么推脱责任，事情终归是你做的，责任也无法逃避。

1944年，艾森豪威尔将军指挥的英美联军将横渡英吉利海峡，在法国诺曼底登陆，开辟对德战争的另一个战场。就在一切准备就绪、蓄势待发的时候，英吉利海峡却突然风云突变、巨浪翻天、数千艘船舰只好退回海湾，等待海上恢复平静。

这么一等，足足等了四天，天空像是被闪电劈开了一道裂缝，倾盆大雨泼洒不绝，数十万英美联军被困在海岸，进退两难。

正当艾森豪威尔将军苦思对策时，专家送来了最新的气象报告，资料中显示天气即将好转，狂风暴雨将在3个小时后停止。

艾森豪威尔将军明白这是千载难逢的好机会，可以攻敌人于不备，但这当中也暗藏危机，万一气候不如预期中的那么快好转，英美联军很可能全军覆灭。

艾森豪威尔将军经过慎重的考虑之后，在日志中写下："我决定在此时此地发动进攻，是根据所得到的最好的情报做出的决定，如果事后有人谴责这次的行动或追究责任，那么，一切责任应该由我一人承担。"然后，他斩钉截铁地向陆、海、空三军下达了横渡英吉利海峡的命令。

艾森豪威尔将军受到幸运之神的眷顾，倾盆大雨果然在3个小时后停止，海上恢复平静，英美联军顺利地登上诺曼底，赢得了这场战争。

艾森豪威尔将军最大的成就不只在于他英明果断的决策，还在于他肯为自己的决定负责任的勇气。

所以，当我们遇到问题时，不要推卸责任，多想想自己的原因。在日常生活中，如果能做到以下几点，就会不断成长为一个有责任心的人。

提升小妙招

信守诺言

承担责任不仅要对行为负责，更要对所做的承诺负责。在与他人交往时，负责任的最基本标志就是信守诺言，就是能按时地、很好地完成与别人约定的事。人与人之间的关系能否正常发展，在很大程度上取决于人们对诺言的信守。守信用是一个人对自己和他人负责的重要表现。所以，凡是自己说过要做的事，就必须全神贯注、付诸行动。

提高自我控制能力

无论发生了什么，都要学会对自己的情绪和行为负责，这是一种自我反省的表现。当然，提倡自我反省，也不是极端地让大家把所有的问题都揽在自己的身上，要知道凡事都有一个度。

要提高自我控制能力，就需要积极地面对现实。人之所以经常把责任推给别人，就是因为他在试图逃避现实。但现实终归是现实，逃避它只会让自己陷入更大的困境，结果不仅不能解决问题，而且还会使问题向更坏的方向发展。

二、撞了南墙不回头，何苦头破又血流？

人们常说“有志者事竟成”、“世上无难事，只怕有心人”，然而凡事如果不量力而行，仅凭着一股“撞了南墙也不回头”的精神，最后落的个头破血流的结果。“想干什么”和“能干什么”是有很大差别的。凡事要尽力而为，也要量力而行。对某些人而言，他们所树立的目标或许永远也无法实现。那些超出自己实际能力的宏图大志、冲天抱负，不但会给人带来力不从心的重负和壮志未酬的遗憾，更重要的是耗费了成就力所能及的事业的精力。所以，在走不下去的时候，不妨回头看看，有时，放弃也是一种成功。

两个贫困的女人在山上拾柴火，意外发现两大包棉花，喜出望外。当时，棉花的价格很高，如果将这两包棉花卖掉，足可供家人用上一个月。当下两人各自背了一包棉花，急忙赶路回家。

走着走着，其中一个女人眼尖，看到山路上扔着一大捆布，走近细看，还是上等的细麻布，足足有十多匹。欣喜之余，她和同伴商量，一同放下棉花，改背麻布回家。

她的同伴觉得自己背着棉花已经走了一大段路，丢下就枉费了自己先前的辛苦，坚持不愿换麻布。先前发现麻布的女人屡劝同伴不听，只得自己竭尽所能地背起麻布，继续前行。

又走了一段路，背麻布的女人看到路边树林里有什么东西闪闪发光，走近一看，地上竟然散落着几坛子黄金，心想这下发财了，赶忙劝同伴放下肩头的棉花，改用挑柴的扁担挑黄金。

而同伴仍是那套不愿丢下棉花，以免枉费辛苦的理由，还怀疑那些黄金不是真的。

发现黄金的女人只好自己挑了两坛黄金，继续和背棉花的女人赶路回家。走到山下时，突然下了一场大雨，不幸的是，背棉花的女人背上的大包棉花，吸饱了雨水，重得完全无法再背得动。那女人不得已，只能丢下一路辛苦舍不得放弃的棉花，空着手和挑金的同伴回家。

恰到好处地放弃包含着丰富的人生智慧。当一个人能不为世俗的微功小利煞费心机的时候，他才有可能认真思考自己真正需要的一切，才有可能避开身边无谓的争斗和纷扰，而积蓄起奋发的能量。

对于进取者而言，一味地追求所得与所获而不想付出任何代价是不可能的。当生活在欲求永无止境的状态时，将永远都无法体会到生活的真谛，一味地追逐负重只会愈来愈沉。人生有舍才有得，想要得到更多，首先要做好失去更多的准备。

有一只断了翅膀的老鹰被人用铁链拴在栏杆上，当它看到天上自由飞翔的小鸟，就会黯然神伤地想："如果有一天，我也能这样自由自在，多好啊！"日子一天天地过去，它挣脱铁链的欲望也不断强烈。这一天风和日丽，几只小鸟在蓝天白云下飞翔歌唱，老鹰终于忍不住了："蓝天才是我的家！"于是，它用尽全身力气，终于挣脱了铁链。这时，它才发现自己的翅膀早已折断，它努力试图飞翔，每次起飞不到半米，就会栽在地上。

故事中的这只老鹰不自量力，拼命追求自由，得到的却是永远的不自由。

这个故事告诉我们，凡事应该明白自己的原则和底线，要根据自己能力的大小量力而行。那样，就既不会在盲目的攀比中失落，也不至于跌伤自己。

有个青年画家，生性草率，很快就作好一幅画，然而一年时间才卖出去一张，仅得到5元钱。他冥思苦想得不到结果。听说大画家阿道夫·门采尔的画不到一天就卖完了，赚了50万，他羡慕不已，便登门求教。

门采尔问青年作家："你画一幅画需要多长时间？"青年画家回答："一天不到，但卖掉它却要等上整整一年！"门采尔想了一下说："我画一幅可是要一年的工夫。"青年画家惊讶地叫出声："一年只画一幅，这太慢了！"

门采尔严肃地说："对，舍一天需等一年；舍得一年，却只需等一天。创作是艰巨的劳动，没有捷径可走。试试吧，年轻人！"

这位青年画家接受了门采尔的忠告，用了近一年的工夫画了一幅画。果然，不到一天就卖掉了，而且挣了10万元。

人生也如画画一样，小舍只能换来小得，大舍才能换来大得。就如同赫拉克利特曾经说的那样："最优秀的人宁愿要一件东西，而不要其他一切"。

所谓"舍得"，就是要先"舍"而后"得"。如果我们能舍弃生活中那些不必要的负担和我们不需要的东西，我们在人生旅途中便可以轻载前行，也会更快抵达我们的目的地。

越战期间，美国总统尼克松要求美军指挥官汇报战况。

总统问："将军，我们出兵越南的目的是什么？"

指挥官振振有辞："征服敌人。"

"下一步该怎么办？"

"我要40万大军。"

"去年这个时候，你说只要20万军队就够了。我给了你20万军队，你平定了多少敌人？"

"事实上我们到达后，抵抗力量也增加一倍。"

尼克松立即说道："既然20万军队产生了双倍的抵抗力，那么40万军队是不是会产生四倍的抵抗力呢？所以我认为，继续向越南派遣军队是不明智的。"

尼克松的决定舍去了40万军队，但却使美国跳出了越战的泥潭。

试想，如果尼克松继续派兵，那将会给美国带来多大的负担？

舍去对别人成功的追逐与模仿，自己就会创造新的成功；舍去未能如愿以偿时产生的羡慕嫉妒恨，自己就不会掉入痛苦的深渊；舍去世俗的功利，也许就能收获最简单的快乐。

小舍小得，大舍大得。舍弃现实生活中万千诱惑，舍弃世俗功利标准下的成败得失，得到的将是人格的升华，那样就会获得自己真正需要的幸福。

曾阳的愿望是成为一名篮球运动员，上小学时就参加学校篮球队的集中训练，希望自己能成为篮球界的拔尖人才。可是几年下来，无论他怎样努力，成绩始终平平。后来他意识到：篮球是巨人的运动，世界上著名的篮球运动员几乎全是身高两米左右的“巨人”，且不说美国的NBA球员，仅国内一米八以下的篮球运动员也寥寥无几。自己的身高连国内的标准都达不到，而这个自身条件又是无法改变的。

最终，他忍痛放弃了自己的篮球梦，面对现实，重新确立自己的人生目标。高中毕业时考上了飞行员，经过几年的刻苦训练，曾阳成为一名优秀的飞行员。

在生活中我们应该学会取舍，顺应自然，应该在客观现实的基础上做出对自己既不委屈，也不纵容的取舍，那样才能迎来人生的光明。

有两个身强力壮的人一起去山谷挑水。

其中一位挑着很大的桶，打了满满两桶水，在崎岖的山路上艰难行走，结果水洒了，膝盖也磕破了，还得回头再重打。

另一位挑得不多，两只木桶都没装满。有人不解地问：“这是什么道理？”他回答说：“挑水之道并不在于挑得多，而在于挑得够用。我在桶里画了一条线，那条线是底线，水绝对不能高于这条线，高于这条线就超过了自己的能力和需要。一味贪多，适得其反，像那位挑水多的一样，岂不是比原来挑得还少吗？”

明智地舍弃是一个人求进取、求发展的前提。只有舍弃那些不切实际的追求，才能把有限的精力集中到自己能够成功的事业上。真正富有胆识的舍弃就是让人最大程度地追求属于自己的理想，不被现实生活中那些阻碍自己人生目标的力量所驱使、所异化。

中南美洲生长着一种叫做蜘蛛猿的动物，它身体灵活，动作敏捷。因此，它的天敌很少，就连人类也对它束手无策。多年来，人们为了研究它，想尽办法来捕捉它，但都不怎么奏效。就连在其它动物身上每试必爽的方法，如布陷阱、麻醉射击等等，对灵活的它们也丝毫不起作用。

后来，人们研究观察它们，终于发现了蜘蛛猿的一个特点，也是一个致命的弱点——固执地贪婪。它们可以为一点食物被同类追得到处逃窜都不肯放弃，有的甚至被撕咬得遍体鳞伤都不肯放开抓着的手。

人类便利用它的这一特点，自制了一种紧口的玻璃瓶。玻璃瓶的后半部分用绳子固定，瓶子里放了一颗花生。当蜘蛛猿发现食物，并观察周围没有危险的时候，它就慢慢靠近玻璃瓶，伸手去拿那颗花生，当它的手拿到花生时，躲在后面的人就可以去捉它了。

因为蜘蛛猿的贪婪，它的手始终握着那颗花生，而瓶子是固定的，它们没有足够的力气拖动它，所以人们很容易捕捉到它。蜘蛛猿太固执了，它们坚决不会放下到手的花生而选择逃生，所以等待它的只有一种结果——束手就擒。

后来，研究人员还对蜘蛛猿的固执做了一些实验，结果证明：在蜘蛛猿手里抓住那颗花生后，就算在它身旁放下更多的花生或香蕉，它都不会放弃手中的那颗。

蜘蛛猿的这种习性确实有些可笑，然而在生活中，又有多少人懂得及时放弃？比如，有时候，人们明明知道自己的选择错了，但是仍坚持着，或者等机遇的出现，或者等上天的垂怜。然而，就在这个过程中，他们又错失了其他的机会，结果一事无成。

恰到好处地放弃是一种境界，是饱经沧桑之后对物欲的一种从容，是历尽起伏之后对世俗的一种淡定，是运筹帷幄、成竹在胸的一种流露。

提升小妙招

放弃不代表失败和气馁

有时候，人们撞了南墙而不想回头，是因为他们认为放弃就代表着失败和气馁，其实务实的放弃是为了更少地失去。有时，选择了放弃，也便选择了成功和获得。实践证明，孤注一掷地自谋生路者大多走出了一条新路，骑驴找马的结果却很难找到马，虚度了人生中的黄金时间。

宁可后退一步

“有所得必有所失”，千万不可一味地争强好胜。必要的时候，宁肯后退一步，做出必要的牺牲。这时的舍得未尝不是一种明智，它也是另一种拥有。只有在了如指掌之后才会懂得放弃并善于放弃，只有在懂得并善于放弃之后才会获得大成功。明智地放弃，有时就是最好的选择。

放弃就是给心灵自由

放弃要以心灵的自由为前提。有句俗话：“成人不自在，自在不成人。”一个人一生一世，奔波劳累，为了拥有更多的财富，获取更多的功名，从没想过心灵是最该属于自己的。不妨透过一扇小窗，抬头看看灿烂耀眼的星空。

人生中，我们还有很长的路要走。学会放弃，你会发现，脚步越走越快，心越来越欢愉，路也越走越宽。

三、知道不好还去干，管好自己那么难？

不论是工作，还是生活，很多人都会碰到这样的时刻：明明知道打游戏对自己的生活或者工作并没有任何帮助，只是在浪费时间，可还是忍不住去玩。明明知道现在的工作不好，只是在混日子，可就是没有勇气去突破，去改变，宁愿这样日复一日地下去。明明知道眼前的人并不值得交往，可是又觉得心里是割舍不下的，于是也就这样混下去了。

小孩子在成长的过程中，总会有这样的时候：大人告诫他，不要去做某些事情，可是小孩子总是不听，还是会去做。大人告诉小孩子，不要去水边玩耍，不要去危险的地方，可是很多孩子都是把大人的话当作耳旁风。

可是在成人的世界里，这样的事情也屡见不鲜。人们总是无法控制自己，明知道自己做的事情对自己没有任何益处，却仍然停不下来。

一个要成就事业的人，一个不断向前走去实现自己目标的人，必然不能随心所欲、感情用事，而是需要对自己的言行有所克制，这样才能使错误、缺点得到抑制，不致迷失方向。高尔基说：“哪怕是对自己的一点小的克制，也会使人变得强而有力。”

面对诱惑，面对迷茫，都要你保持内心的宁静，因为“心宁则智生，智生则事成。”我国四书之一的《大学》说：“知止而后有定，定而后能静，静而后能安，安而后能虑，虑而后能得。”清代学者王之春在《椒生随笔》中说：“天地间真滋味，唯静者能尝得出；天地间真机栝，唯静者能看得透。”这些都是走向成功的至理名言。

一个人只要通过自我制约，达到内心的宁静，就能产生智慧，人一旦有了智慧，就会大有作为，成功也就会变得越来越容易。

卡内基小时候，一天跟随母亲来到市场，在一处水果摊前，他眼睛直望着一篮樱桃。水果摊老板看见这小男孩长得十分可爱，便说道：“小弟弟，抓一把樱桃去吃，就算我送你的。”卡内基犹豫了一下，并没有伸手去拿樱桃。

老板诧异地问：“你不喜欢樱桃吗？”

“不！我最喜欢樱桃！”卡内基小声回答。

“那就抓一把去吃啊，我不收你钱！”老板说。

“老板对你这么好，你就抓一把樱桃吧！”母亲也这样说，但卡内基仍没有伸出手来。这时，老板反倒觉得不好意思，连忙抓了一大把樱桃塞在卡内基的口袋里。口袋里装满樱桃的卡内基很高兴地跟着妈妈走了。

在回家的路上，母亲问卡内基：“刚才老板对你那么好，你怎么不敢伸手拿樱桃呢？”

卡尔基笑着回答：“我当然想拿，可是……老板的手比我的大，他一把能抓好多樱桃呢！”

年纪尚小的卡内基能控制自己不被眼前的诱惑冲昏头脑，不让想要得到樱桃的欲望战胜自己的理智，最后终于获得了更多的樱桃。他长大后，无论是当纺织工人，还是当钢铁工人，总是根据自己所处的环境和低微的地位，努力塑造最佳的自己。他做事的原则是“不求一步到位，但求步步到位”。正是这良好的沉着、冷静和耐性，使他从一个普普通通的工人变成“钢铁大王”、世界巨富。

内心保持宁静就能让你战胜浮躁。当你遇上烦躁之事时，当你不知道该做什么的时候，那就什么也别做，先停下来，集中精力洞察一下自己的内心世界，心平气和地想想自己在做什么，为什么，有何价值？然后再问问自己：“你真正想要的是什么？什么才是你人生中最主要的成功？”这样你就可以集中精力洞察自己的内心世界，摆脱不切实际的幻想，摆脱心中不大重要的事情，遇上烦躁之事时，也不至于迷失自己，找不到自己的定位。

提升小妙招

我们需要有效控制自己，对自己有所约束，有所克制。这样，在面对不好的事情时，才能管好自己，而不是走向错误。

用理智战胜感情

对事物的认识越正确、越深刻，自我约束能力就越强。情感是人性的优点，也是人性的弱点，在冷静的时候，人往往表现出理智的一面，当遇到不如意的事情时，人们却又往往被情感所左右，失去了理智判断，此时所做出的行为决定往往不能正确客观，而是和自己的主观意愿相违背，这才有了“冲动是魔鬼”的说法。古希腊数学家毕达哥拉斯说：“愤怒以愚蠢开始，以后悔告终。”同样，人在得意的时候也容易被冲昏头脑，此时头脑发热、自我膨胀是常见的现象，因此才有了“得意忘形”的成语。这种被情感左右、最终酿成大错的例子比比皆是，所谓的“祸不单行，福不双至”其实就是失去理智的结果。因此，要想管理好自己的行为，要让自己的头脑时刻保持理智的状态。当做出一个和自己的人生原则、奋斗目标相背离的决定时，要先冷静一下，千万不要因为小错误而轻易放纵自己。“勿以善小而不为，勿以恶小而为之”就是典型的忠告。

培养坚强的意志

前苏联教育局马卡连柯说：“坚强的意志——这不但是想什么就获得什么的本事，也是迫使自己在必要的时候放弃什么的本事……没有制动器就不可能有汽车，没有克制也就不可能有任何意志。”因此，反过来也可以说，没有坚强的意志就没有自制力。坚强的意志是自我管理的支柱。意志薄弱的人就好像失灵的闸门，对自己的言行不可能起调节和控制作用。纵观古今中外，哪一个成功的人不是意志坚强的人？

当你的行为、你的欲望和你的目标、计划相背离的时候，要坚决战胜自己，勇敢地转身，回到既定的轨道上来，过后你会为自己的勇敢而骄傲，成功也会因为你的勇敢转身而向你迈进一步。

控制爱好

一个人下棋入了迷、看电视入了迷、打游戏入了迷，都可能影响工作和学习，所谓“玩物丧志”就是这个道理。毅力，可以帮助你管理自己，果断地决定取舍。很多人意识到玩游戏、看电视对自己没有多大益处，然而总是无法控制，总是在给自己找理由，例如学习很累了，该休息一会了；我就再玩最后一次，下次再戒掉；玩一会儿影响不会太大，我过后补过来就可以了等等。殊不知，每一次的的自我开脱就是一次毅力的失败，这样的心理杀伤力积累下来可能连自己都不相信自己了。

管好自己的每一个行为，让自己的所作所为围绕着自己的目标前进，最后的成功一定属于你！

四、心眼胜似针眼小，你不纠结谁纠结？

浮躁的社会使很多人变得极度敏感，他们的自尊心极强，对别人一些无心的举动、一些随意的言谈，他们都很敏感，在心里形成挥之不去的阴影。这样心胸狭窄的人一生必定在纠结中度过，倘若心宽一分，或许你的人生将会从此不同。

雨果曾说："世界上最宽阔是海洋，比海洋更宽阔的是天空，比天空更宽阔的是人的胸怀。"宽容不是妥协的象征，更不是失败的选择，宽容是最值得赞美的心灵旗帜。宽容能使人快乐，而心胸狭窄只能令人纠结并最终导致人生的失败。

拿破仑称得上是一位伟人，但是正是因为他心胸狭窄，失去了世界霸主的地位，以失败而结束了他传奇的一生。

两个世纪前的某一天，美国发明家富尔顿来到了金碧辉煌的凡尔赛宫，他刚发明了蒸汽机铁甲战船，正兴致勃勃地向拿破仑建议，用它来取代当时法国的木制舰船。毫无疑问，蒸汽机铁甲战船比木制战船要先进得多，威力也不可同日而语。就在拿破仑快要被富尔顿说服时，拿破仑突然脸色大变，两眼放射出难以抑制的怒火，眼睛直逼向富尔顿。

合作告吹了，而莫名其妙的富尔顿也许永远不会知道，他失败的原因完全在于他毫不在意地顺口恭维了拿破仑一句："伟大的陛下，您将成为世界上真正最高大的人！"在这里，富尔顿想表达的是"高贵"、"崇高"的意思，但他一不留神把法语的"高贵"、"崇高"一词说成了"高大"，恰恰富尔顿的身材高大，这一下正好击中了拿破仑最自卑、最害怕被别人嘲笑的生理短处——个子矮小。

拿破仑又嫉妒又自卑，他对高个子的富尔顿咆哮道："滚吧！先生！我不认为你是个骗子，但认为你是个十足的蠢货！"

后来，富尔顿的发明专利被英国购买，自此，英国凭借强大的海军确立了世界海上霸主的地位，法国却远远地落在了后面。直到20世纪30年代末，爱因斯坦在建议美国总统罗斯福迅速研制原子弹的信里，才又一次重提旧事："总统先生，如果1803年拿破仑接受了你们的富尔顿关于建造蒸汽机军舰的建议，今天的世界格局将不会是这样！"

拿破仑仅仅因为容忍不了别人无意间使用的"高大"一词，就拒绝了一项伟大的发明，也失去了一个称霸世界的绝好机会。因为他心胸狭窄，所以他失去了一个时代。

"处世让一步为高，退步即进步的张本；待人宽一分是福，利人实利己的根基。"这是《菜根谭》的处世智慧。如果每个人都秉持宽容的心态，我们的社会就会更加美好，人与人之间的关系也会更加和谐。

我们说，气量是一种高尚的人格修养，一种“宰相胸襟”，一种大将风度。

唐代的娄世德就是一个非常有气度的人。当遇到别人辱骂自己的时候，就装着没听到。有人转告他，他说：“恐怕是骂别人的吧。”那人说：“他是叫出你的名字骂呢！”娄世德又说：“难道天下就没有同名同姓的人吗？”有一天上朝时，因为他身形肥胖、行动迟缓，同行的人说他：“像极了老农田舍翁！”娄世德笑着说：“我不当田舍翁，谁当呢？”

宽容是一种处世的大智慧，当一个人看透了人生，必然会获得一份从容。智者是拥有宽广胸襟的人，因为他明白，这种态度不仅能让他人释怀，同时也是善待自己。

在全球著名的微软公司，流传着这样一个故事：有一名刚入公司不久的职员不小心撞了公司总裁比尔·盖茨停在路边的新车。当她得知自己撞到的是比尔先生的车时，惊慌失措，情急之下，她向自己的上司求助。上司听了，说：“没关系，你向比尔先生发一封电子邮件道歉就可以了。”这位职员惴惴不安地写了一封道歉邮件给比尔先生。没想到的是，不到一小时，竟然收到了总裁先生的回信。比尔先生不但没生气，还关心地询问她是否受伤了，并且欢迎她加入公司。比尔·盖茨的宽容打动了这位新员工，她立刻明白了为什么微软公司可以拥有自由、开放的企业文化，为什么微软可以吸引世界各地各种优秀人才。

由此可以看出，宽容不仅影响了一个人的心态，从某种程度上来说，甚至能够决定一个公司、一个家庭的成败。在日常生活中，懂得让一分和宽一分，不仅能赢得更多的人心，也能为自己开拓一条通向幸福的大道。

有个富翁，在儿子结婚那天晚上，忽然里里外外一片漆黑，经过一番检查，发现电线是被人掐断的。这时，富翁忽然听到门外一片喧哗声。原来，门外有个小伙子正和帮忙的人拉拉扯扯。

那人愤愤不平地对富翁说："这个人穿得破破烂烂的，没人认识他。他说是他把电线掐断的，叫嚷着要好酒好菜伺候。我不给他，他就破口大骂。您说，有这样不讲理的人吗？"

那个小伙子气势汹汹，叫嚷着，说如果不满足他的要求就要冲进去打富翁。

富翁平静地对小伙子说："我很高兴你来祝贺，吃顿饭是看得起我，这本来是好事，值得这样争吵吗？"于是，他把小伙子请到上座，让人端来好酒好菜。

等小伙子酒足饭饱以后，富翁又让人给他装了一篮子的饭菜，说："这些带回去给你的家人吃吧。欢迎你以后还到我家来做客，这里还有100元钱你先拿着，如果不够用可以随时来找我。"

小伙子听了这些话，脸红地接过篮子，并把掐断的电线又接好了。

原来，小伙子刚经历了生意破产，万念俱灰，路过富翁家里，心里非常不平衡，便掐断了富翁家里的电线，没想到富翁以圆融的手法化解了。

后来，别人问富翁为什么不教训那个小伙子，而是忍下这口气，还给他好酒好菜，富翁说："吃亏人常在，能忍者自安。世界上的祸端大都是因为鸡毛蒜皮的小事，凡事不能忍者只是愚勇，只能把小事变大，带来意想不到的灾祸，而忍才是安身立命的法宝。"

宽容是一种美德，更是一种生活哲学，一种处世的大智慧，一种非凡的气度，它代表了心灵的充盈和思想的成熟，它超然于狭隘、自私、固执等一切负面情绪之上。

学会敞开心怀，就能在自我安慰中说服自己，用宽容和大度来对待别人。为自己开一扇心窗，就能让宽容和大度的阳光扫去身边的是非。如此对待人和事就会当忍则忍，能让则让，永远都不会生活在痛苦中。

小王刚学开车时劲头十足，不论刮风下雨，每天准时去驾校指定的场地练习。一天，他刚驾车驶上驾校外的场地，突然出现个醉汉，拦住他的车，还说是小王前天在马路上撞了他，嚷着要小王下车道歉。如果在以前，他会上去给醉汉两拳，这一次他却没有。他下车诚恳地对醉汉说："对不起，请你原谅我。"那位醉汉拍了拍他肩膀说："哥们儿，冲你这句话，走人。"小王回到车上，非但没觉得受到委屈，反而有一种战胜自我的愉悦感。

世界丰富多彩，千变万化，每个人都应该宽容，充满感激。宽容一个人，就多了一座可供通行的桥梁；感激了一件事，就获得了一份进取的给养。只要心怀宽容，转一个方向，或许你会看到更美的风景。

提升小妙招

反省自己，提升自己

宽容需要不断反省自己，提升自己，宽容是淡化矛盾，解决问题的良策，忍一时风平浪静，退一步海阔天空。宽容地对待自己或别人犯下的过错，坦然应对生命中每一个挫折，昂首阔步地跨过狭隘的情感天地，以爱人和爱世界的大度去赢得别人的尊重。宽容是人与人之间的理解和感激，宽容是心境相通之后的幸运和珍重。生活里多一点宽容，人生也就会多一份温暖和阳光。

能够宽容对待别人的人是仁者，宽爱别人就是宽爱自己。放下曾经不愉快的往事，告别过去，宽容一切，我们的生活必然会焕发出新的生机。

宁可吃眼前亏

海纳百川，有容乃大，吃得眼前亏，可保万年身。当你遇到不利于你的事情时，不要逞一时之勇，也千万别认为“士可杀不可辱”，宁可吃些眼前亏。在做人的准则中牢记忍就是成就大业的利器。

公心对人，平心对事

如果我们都以宽容、敦厚的心怀去面对生活的方方面面，公心对人，平心对事，那便会拥有宽广的心理空间，从而心生智慧，生活便会顺风顺水。

化敌为友

如果有人对你做了不公平的事，你一定会非常生气，甚至想要找准时机对其报复。其实，你可以选择更明智的做法，那就是化敌为友。化敌为友是一种忍耐，忍耐心中的怨恨，积极地化解矛盾。这种积极的忍耐会免除身边的是是非非，为自己多开一条路。

五、别人永远比我好，自卑心态好不了

怀揣梦想，自信满满，我们大踏步地行进在社会中。然而生活处处不满意，工作处处不如意，在经历了种种挫折后，我们变得狼狈不堪，曾经满满的自信消失得无影无踪，自卑的心态不断滋长。别人哪里都是优点，再看自己，哪里都是缺点。就这样，混混沌沌，再也爬不起来。No，不能这样自暴自弃！这种自卑的心态在当今社会中是最要不得的。重拾自信，重新出发！

人们不喜欢用现实的标准或尺度来衡量自己，而相信或假定自己应该达到某种标准或尺度。如“我应该如此这般”、“我应该像某人一样”等。这些追求大都是脱离实际的，当一味的假想无法得到印证，眼看着别人超过了自己，就滋生了更多的烦恼和自卑。

有个相貌丑陋的人，他不修边幅，穿着窄窄的黑裤子，伞套似的上衣，戴着一顶窄边的大礼帽，走路姿势也很难看，双手摇来晃去。直到临终，虽然已经

身居要职，但依旧不修边幅，不穿外衣就去开门，不穿外套就去公众场合，总爱讲不得体的笑话。

他出身贫贱，是个私生子。没有人比他出身更低，但也没有人比他升得更高。

他就是林肯。

林肯具有这么多的弱点，照理应该感到非常自卑、浑浑噩噩，而他却成就了一番伟大的事业。林肯一生都在拼命克服自己的缺点和障碍。他曾经非常地孤陋寡闻，然而他奋发图强，拼命读书、学习，最终成为美国总统。

林肯的一生不是沉浸在自卑中，而是对一切他所缺乏的方面进行全面补偿。他不求名利，不求爱情与婚姻美满，集中全力以达到更高的目标。他渴望把他独特的思想和崇高人格里的一切优点都奉献出来，造福人类。

其实，自卑是由于一种过多地自我否定而产生的自惭形秽的情绪体验它通常表现为对自己的能力、学识、品质等自身因素评价过低；心理承受能力较差，经不起强烈的刺激；谨小慎微，多愁善感，猜忌心理过重；行为畏缩、瞻前顾后等。

自卑使人们不能正确地认识自己的优点和价值，它是一具压抑自我的、沉重的精神枷锁。自卑消磨人们的意志、软化人们的信念、淡化人们的追求，使人们的锐气钝化，畏缩不前。

我们应该做的不是因为自卑而停步不前，我们要克服自卑、克服缺点、弥补缺陷，才能获得成功。纵观历史，有很多伟人都是这样。像亚历山大、拿破仑、纳尔逊，因为身材矮小，所以他们立志要在军事上获得辉煌成就；像苏格拉底、伏尔泰，因为相貌丑陋，所以他们在思想上痛下工夫而大放光芒。

人生来并不是强者，而是不断努力奋斗，逐渐成为强者。新东方的校长俞敏洪说："我们每一个人都应该像树一样地成长，即使我们现在什么都不是，但是只要你有树的种子，即使被人踩到泥土中间，你依然能够吸收泥土的养分，自己成长起来。"

世界著名交响乐指挥家小泽征尔在一次世界优秀指挥家大赛中按照评委会给出的乐谱演奏，发现其中有不和谐的音，以为是乐队的演奏出了问题，于是要求乐队重新演奏，却发现不和谐音依旧存在。他怀疑乐谱有问题，可是当场所有的作曲家以及评委会的权威人士都说乐谱没问题。小泽征尔在深思熟虑后坚定地说："不，一定是乐谱错了！"话音刚落，台下立刻响起雷鸣般的掌声。

原来这是评委考核人才的一种方式，他们故意弄错乐谱，设下陷阱，以此来考察参赛指挥家的自信心。结果，虽然许多指挥家都发现了其中的问题，但大部分人在被专家否定后就不再坚持自己的观点，只有小泽征尔始终坚持自己的正确意见，最终在大赛中夺魁。

自信是人们面对困难和挑战时勇往直前的精神和勇气。在认识自己、鼓励自己的基础上，将自卑、自怨的心理阴影抛到九霄云外，由此才能进入一个良性的心理循环：在自信中品味成功，在成功中享受快乐，在快乐中扭转乾坤，用自己的双手去创造命运的奇迹，活出一个异彩纷呈的人生。

在某个偏远的小镇，有这样一个女孩：她父亲在她很小的时候去世了，她和母亲相依为命，靠给人做手工活维持生计，生活非常清苦。女孩直到18岁还从未穿过漂亮的衣服，没有戴过名贵的首饰。她非常自卑，常常自惭形秽。

在她18岁的圣诞节那天，妈妈给了她20美元，让她为自己买一份圣诞礼物。她高兴极了，想到对面商店里去选一件礼物，却没有勇气走上宽阔的大路。因为马路上的人太多了，她怕别人看不起自己，于是她紧攥着钱，沿着墙根朝商店的方向走去。

一路上，她不时偷偷地打量周围的人，她认为别人都很幸福、美丽，只有她自己是小镇上最丑陋的女孩。看到一位英俊帅气的小伙子，她都在想：不知道今晚谁会幸运地成为他的舞伴。就这样胡思乱想着，终于到了商店。女孩一下子就被琳琅满目的发饰吸引了，她从来没见过这么漂亮的东西。

当她对着这些漂亮东西发呆时，售货员说："姑娘，你的头发真漂亮，如果戴上这个发饰一定会更漂亮。"还未等她看价钱，售货员已经把发饰戴在了她的头上，并拿来镜子给她看。啊，她简直认不出自己了。

她付钱买了这个发饰，激动地跑出商店。她不再沿着墙根走，而是昂首挺胸地走在大路中间。周围路过的人不断向她投来羡慕的目光，她听到人们说："真没想到小镇上还有这么漂亮的姑娘！"她心里美极了，因为从来没人夸过自己漂亮。当她再次遇到刚才那位帅气的小伙子时，居然听到他对自己说："我能邀请你做我今晚的舞伴吗？"

她心花怒放，决定用买发饰剩余的4美元再为自己买点什么，于是，她又匆匆跑回商店，售货员拿出刚才给她试戴的发饰，说："刚才你出门时，头花掉在了门口！"女孩愣住了！原来，自信的人才是最美的。

一个人的自信心来自内心的坦然和淡定。我们要肯定自己，不要轻易否定自己。生命的价值取决于我们自身，我们要抛开别人的看法，相信自己。不论美丑，不论胖瘦，都要活出一个真实的自我。除了自己，没人能让我们贬值。

许多人屡次在生活或工作中遭遇挫折，总是习惯性地把挫折归因于自身的潜质不足。他们自卑地认为自己什么都无法做到，也无法成功。其实，任何人身上都蕴涵着难以想象的能量，只有乐观、自信、积极的人才能源源不断地释放自身潜藏的能量。

英国的伟大作家狄更斯就是一个积极地追求梦想的人。小时候，他家境贫寒，却拥有成为文学家的梦想。他只上了四年学，因父亲欠债入狱而被迫辍学，于是，他提前进入社会赚钱，背负起家庭的重担。

生活的坎坷并没有让狄更斯放弃自己的梦想，他满怀信心，每天利用一切空余时间进行读书和写作。他接连投了几次稿都被退了回来，但他丝毫不放弃。终于有一天，他的一篇稿子被采用了，虽然稿费不多，却让他看到了希望。

此后，他一发而不可收拾，发表了一部又一部著名的作品，并成为举世公认的大文豪。当他功成名就后，他发现自己早年的痛苦经历以及永不服输、坚持理想、满怀信心的积极心态是他创作的最大动力和灵感之源。

人生中的许多事情不是我们做不到，而是缺少拾起自信的“放大镜”。只要敢迈开双脚、昂首向前，再难的事情也能做到，再远的目标也会实现，因为自信心把你的潜能无限放大了。我们要相信，下一次抵达的地方一定比现在更美好、更幸福。

提升小妙招

相信自己，鼓励自己

每个人都希望得到别人的称赞，但那只不过是过眼云烟，只有自己相信自己，不断鼓励自己，才会有源源不断的力量，这是取得成功的必要条件。要坚信“天生我材必有用”，相信自己有足够的潜能，找出自己的优势，并以尊重自己的姿态努力开发这些潜能，就容易走向成功。

扬长避短，善于学习

人无完人，每个人都有自己的优点和缺点。在战胜自卑、建立自信的过程中，要发挥自己的长处，克服缺点，不断建立自信。不要总是拿自己的缺点和别人的优点做比较，那样只会让自己更加自卑。

积极的心理暗示

取得了辉煌成就的人都是自信满满的。自卑的人一般是还未取得骄人成绩的，他们渴望成功，却没有充足的自信心。其实自信只是一种感觉，每个人都可以通过“训练”得到。不妨每天告诉自己我是最棒的、我一定可以成功。这种积极的心理暗示会逐渐赶走你自卑的心理，自然很快就会建立起自信的心态。

用言行激发自信

勇敢地表达自己，通过言行举止来增加自信心。要坚持原则，不因别人的意见而随便改变自己的想法和看法。充分展示自己的才华才能得到别人的认同，这样会逐渐克服自卑，树立信心。

设立合理目标

对自己要有公正客观的自我评价，不能过度悲观，也不要盲目乐观。在制定目标时，既不要低估自己的能力，也不能做自己能力范围之外的事。自觉的态度、合理的目标是成功的必要条件，也是培养自信的重要步骤。

第三章 职场纠结篇：触碰职场的神经——好工作是生存的唯一条件吗？

这个世界越来越复杂，要想在它的规则里生存下去，摆脱种种生活的困境，很多人首先会想到要在职场上给自己谋一条出路。或许很多人在迈入这个门槛时就已经有了书到用时方恨少、钱到月底不够花的纠结，或许在不知不觉中开始自己一年之间连环跳的征程，还有可能因为不了解办公室政治而深陷绝望。这时候我们开始对自己产生了怀疑，自己怎么了？工作怎么了？而你真正想要的是什么？职业究竟是实现理想的必经之路？还是一种维系自己温饱的生存手段？老人们常说："有好工作就有好生活，有好工作就有好前程。"到了这个时代，好工作真的仍然还是你维持生存的唯一条件吗？

一、求职经常遭冷落，机会要到哪里找？

毕业了，要找工作了。我们踌躇满志、意气风发，在心底憧憬着美好的未来。于是我们买了笔直的正装、设计好了漂亮的简历，满怀信心地到各种招聘会中去应聘。简历投出去一份又一份，盼星星、盼月亮地等待着单位的面试通知，可始终悄无声息。终于等来了几个面试电话，却在面试之后没了下文。于是，我们开始怀疑自己当初选择专业的正确性，甚至会埋怨父母为什么只是普通老百姓。纠结来，纠结去，为什么没有单位通知我面试？面试了为啥没通过？现实的残酷让我们饱尝闭门羹的苦涩。

对于一个即将步入职场、准备大干一番事业的人来说，找到一个理想的工作无疑是成就事业的首要条件。然而在经历了投递出去的简历如石沉大海、面试了一次又一次始终没有收到录取通知后，迷茫、纠结的情绪涌上心来。问题究竟出在哪里？究竟怎么做才能找到好工作？百思不得其解。

要找到一份好的工作，必须具备天时、地利、人和这三个条件。除了做好简历这个敲门砖外，面试中的细节也不容忽视。

王磊，工科毕业，想要面试机械工程师，他参加了很多招聘会，大大小小加起来有十多场。在北京市举办的招聘会上，主考官对他非常满意，于是开始谈最后的薪资。王磊觉得今年找工作的情况如此严峻，自己能找到一份就不错了，怎么还能讨价还价呢？于是他回答："无所谓，都可以！"主考官马上阴沉着脸，请他回去等通知，之后就再也没有了消息。

薪资是你对自己水平的一个衡量标准，也是对你工作满意程度的回报。一个连自己薪资都无所谓的人，还能期望他对以后的工作和公司有干劲吗？所以，一定要对自己做出正确的评价，认清自己的价值。

学法律的李静终于毕业了，她在招聘会上看上了一家美商投资的外贸公司，于是，她精心打扮一番去参加面试。到了面试会场，一排看似威严的人士簇拥着老板模样的人坐在会场上方，原来是美国老板亲自面试。李静一看这阵势，不由紧张起来。当主考官问她第一个问题时："我们招的是专科学历，你是本科，怎么会来应聘这个岗位？"她支支吾吾地回答："我觉得你们公司挺好的，也比较适合我的专业。"主考官又问她第二个问题："我们公司好在哪里？这里工作压力很大，平时要经常加班，你可以适应吗？试用期只有800元基本工资，其他什么福利也没有，能接受吗？"整个面试过程中，李静始终不敢正视考官，支支吾吾，结果可想而知。

缺乏自信的人会让人有学习能力差、推诿塞责的联想，这通常不会受到用人单位的欢迎。切记在面试时要保持自信，自信的人是积极的人，肯定会为公司注入积极的力量，必定会受到招聘人员的青睐。

李逵参加学校的招聘会时进入了一家国内知名企业的面试现场，据说投简历的有数百人，最后杀进面试的只有30多人。参加面试的人被分成三人一组来回答面试官的问题，李逵信心十足，表现得非常积极，在回答问题的时候总是抢在别人前面，比别人多说两句。

当考官问："如果你的同事中有不好沟通的人，你怎么办？"别人还没有说话，李逵就抢着回答："最重要的是工作，每个人都有自己的个性，不需要去勉强。"整个面试下来，李逵回答了三分之二的问题，有时说得神采飞扬、忘乎所以。一个星期后他收到这家公司的通知，被客气地告知不需要参加复试了。因为公司觉得他不注重团体合作精神，太急于表现自己，不是他们需要的人才。

自信和骄傲有时就在一念之间，骄傲的人令人生厌，没有团队合作的概念，不合群，用人单位绝对不喜欢单打独斗的独行侠。所以要保持自信，而不要过度膨胀，自负的人是不被用人单位喜欢的。

彭燕终于接到了自己心仪已久的那家知名高薪企业的面试通知，心里既高兴又紧张，她做了很多专业上的准备去参加面试。

考官问："根据你的性格特点，我们想把你安排在外事部门，不过户口方面可能还需要再争取。"彭燕听了这些，左思右想，轻轻咬着下唇说："要不，我跟爸爸妈妈商量一下？"考官愣了一下，说："好吧。不过你要记得，以后参加面试的时候不要说'和爸爸妈妈商量'，因为这样会显得你没有主见，明白吗？"

既然已经毕业，即将步入社会，就意味着你已经成为一个独立的人了。如果凡事还要问过父母，会给人留下永远长不大的印象，必定不会受到用人单位的重用。

从上面的几个案例中可以看出，不是自己学历条件差，有时只是输在一个小细节上。如果你在求职中也四处碰壁，不妨对照以下几点，看看你是因为什么而遭受冷落的。

1．情报搜集懒惰症

许多人求职不顺，问题出在懒得做功课上。面试前要搜集要去面试的公司的资料，如公司的规模、发展历史、经营项目及未来愿景，乃至于公司负责人的经营理念、管理风格、特殊事迹等都要做足功课。工作不会从天上掉下来，职场如战场，情报力决定胜负。那么，从现在开始，养成阅读财经新闻的习惯，勤跑就业博览会与企业说明会，绝对有令你惊喜的收获。

2．不懂得包装自我特色

从写简历到面试，除了要有真材实料，也要懂得自我推销和包装。不论你觉得自己多么平凡，总会有一两个特色或强项，即使学历不如人，也许你的口才与说服力强；也许你的气质与谈吐出众；也许你天生具备亲和力、热情、心思细腻、富于耐心、有同情心等性格特质；也许你打工实习等社会经验丰富；也许你在社团活动时很活跃，甚至在校外比赛中得过奖；也许你外形靓丽……只要你用心找，一定能找出赢别人的“优势”所在。

3．“学以致用”情结

大多数上班族从事的工作都跟在校所学无关。“学非所用”其实是多数派，反倒“学以致用”是少数派。如果求职范围只限定在“与本行相关”的工作，等于把自己的求职路窄化。

职业种类数以万计，大学科系不过一百多种，绝大多数的工作都没有直接对应的科系，而且，随着现代科学技术的飞快进步，学校教的和工作需要有很大差别，在大学学了什么已经没那么重要，重点是你在工作中学到了什么。

4. “冷门科系”吓唬自己

有的人因为自己所学专业极其冷门而担心就业岗位少得可怜。事实上，70%的工作是不限科系的。例如，科技业与传统制造业的许多工作，凡是理工科都可以来应征；而服务业除了少数例外，也几乎没有科系限制。尤其是外商公司，更不在乎科系。如果你是名校出身，即使念的是冷门科系，企业照样会另眼相看。在职场没有所谓的冷门科系，不要自己吓自己。

5. 迷信大企业

很多求职者都想到大公司工作，实际上很多中小型公司急需人才。如果你的眼中只有知名大企业，不但职位缺少，竞争也很激烈，这无疑是自讨苦吃，对于二线学校毕业的求职者尤其不利。

况且，一家公司的薪资待遇、技术实力、发展前景、管理文化、培育训练等完全与规模大小无关。大企业有大企业的优点，例如管理制度化、人员素质整齐、公司资源雄厚、知名度可为个人加分等；但小企业也有小企业的优点，像用人条件宽松、容易独挡一面等，谁说一定要进大企业？

6. 不当的“真情告白”

“累积一些工作经验后，将来想要自己创业……”“我的职业生涯规划是两年后到国外更大的公司……”在求职者面试时，经常可见这类真情告白。有哪家公司肯当冤大头，让你抱着“过客”的心态，把这里当成跳板？这不是明摆着“自寻死路”吗？

7. 自信心与企图心不足

一个业务员如果不相信自己的产品，怎么可能说服顾客去购买？同样地，一个应征者如果没有自信，怎么可能说服企业相信你？很多应征者不是被企业淘汰，而是自己把自己淘汰。

对于学历条件比较差的人，更是经常败在“自信心”这一关。当你觉得自己“矮人一截”，行为表现自然会“矮人一截”。

比如，在简历中，自信的人这样写：“我相信以我的专业，能为贵公司带来贡献！”而不自信的人通常这样写：“我有很多不懂的地方，希望贵公司给我一个学习的机会。”在面试应答时，自信的人会说：“我一定能……”而不自信的人则经常用“我不确定”“也许”“好像”等字眼。企业会如何评价，答案显而易见。

“我渴望一份稳定有保障的工作……”许多应征者这么说。但没有一家企业会欢迎“公务员心态”的员工。企业要的是有企图心、敢挑战高目标的人。即使个人条件再优，若表现出一副“生平无大志”、“平凡最幸福”的样子，没有哪个单位敢录用你。

8. 实务经验犹如白纸

如果问公司老板会优先录用一个学历条件好、实务经验却是白纸一张的新鲜人，还是用学历条件比较逊色，却有一定实务经验的人？多数老板会毫不犹豫地选择后者。因为企业没有耐心去从头培养一个新人，大多数职务都要求应征者要有“1年以上的相关工作经验”，这几个字犹如魔咒，断送了许多新鲜人的求职路。

所以，尽量在上学期间就到校外打工实习，积累工作经验。不然，就用各种考级证书和作品来证明自己的能力。

9. 放不下身段

许多求职者抱怨一职难求，而同样有许多雇主抱怨一“工”难求。这是因为大学生常常不屑于“低就”过去以技职生为主力的工作，以至于生产线技术员、汽车与机械维修人员、工地人员、室内装修与水电人员都出现庞大的人力缺口。

有人传神地形容：现在要找大学生，满街都是；想找水电工，却连一个也不好找。这些被排斥的“低阶”工作，收入往往一点也不低。只要肯“转念”放下身段，不但工作机会随处有，收入也可能超过硕士。

10. 希望找到清闲的工作

不少人选择工作的第一个条件就是清闲。世界上哪有那么多轻松的职位？挑剔工作是否清闲当然会求职不顺。

如果你符合上面一条甚至几条，那就要进行反思了。不妨改变自己的想法，转念之间，一大把的好工作在等着你。

如果你求职四处碰壁，可以对自己的职业生涯做个详细的规划，通过这个规划对症下药，找出自己的不足，努力提升自己。

职场小妙招

在制定职业生涯规划时，我们可以从以下几个方面着手：

择己所爱

兴趣是最好的老师，选择一项你喜爱的工作，你将更有激情和冲劲，也更能发挥你的能力。调查显示：兴趣和成功的几率成正比，在设定自己的职业生涯时，应该着重考虑自己的特点，按照自己的爱好选择自己喜爱的工作。

择己所长

任何一种职业都要求从业人员具备一定的技能和能力。因此，在选择工作的时候应着重分析自己的长处，结合各个行业的特点和要求，选择融合度最好的工作。

择世所需

社会在不断变化，社会需求也在不断变化。在设计自己的职业生涯时也要结合社会的需求、预测职业的发展前景以及职业的发展方向，再做出正确的抉择。

择己所利

职业是人的立世之本，是谋生的手段，它最终的目的是使个人生活幸福的最大化。因此，在设计自己的职业生涯时，在收入、社会地位、成就感和付出等多个综合组成的函数中找出一个最大值是明智的选择。

二、不看学历看能力，难道大学白念了？

十年寒窗苦，通过高考，自己终于考上了重点大学，成了家里的骄傲。父母宁愿砸锅卖铁也要把自己供到大学毕业，好不容易熬到了大学毕业，觉得自己终于能够步入社会，靠自己在大学所学的知识和所掌握的能力养活自己和家人的时候，求职信却一一被退回，用人单位给出的理由是：我们不要应届毕业的、没有工作经验的大学生。此时，自己会陷入无比纠结的情绪中，找工作看能力不看学历，难道我的大学白念了吗？

小江在一所重点大学读人力资源专业，今年即将本科毕业。可是在他求职的过程中，大多数用人单位要求有工作经验的应聘者。简历都石沉大海，上门也被拒之门外。他非常想从事人力资源工作，职业测评也告诉他适合做人力资源工作。然而没有单位愿意用像他这种没有工作经验的人，怎么办呢？

其实用人单位所要求的需要有工作经验，并不是为了经验本身，而是希望通过这个经验证明应聘者具备从事相关职业的能力。这个能力包含了专业知识和实际应用的能力，也包含一个人是否懂得为人处世、能够做好一个职场人的能力。很多时候，企业不愿意招刚毕业的大学生是因为他们觉得没有经过历练的大学生常常眼高手低，缺少敬业的态度和工作的精神。

对于企业来说，最关键的是你能做好这份工作。其他一切，诸如学历、毕业院校、性别、是否科班，都不过是对这一点的佐证。当然，如果你没有经验，却能够充分地证明你是一个能够胜任这份工作的人，招聘者也会破格录取的。

当然，即使你没有正式的工作经验，没有直接相关的工作经验，哪怕有的是在校园活动中积累的和人打交道的经验，也可以用来证明自己的能力。所以，在大学期间，要多参加社会实践，打工兼职，以此来增加自己的工作经验，提高自己的能力。

有一位历史专业的大二学生，寒假时通过亲戚联系到一家公司的人力资源部实习。她工作非常认真，在实习结束的时候，对方竟然主动提出希望她能在上学期间也去兼职，并且想把专门一块事务交给她负责。这样，这位学生很容易地在毕业时就加入了这一行业，并且有了一个不错的职位。

想要在毕业时就找到好的工作，必须提前为自己做好职业规划，并为之努力学习，增加相关经验。

赫林是一名德语专业的大三学生，他虽然对德语有兴趣，但还是希望转行做其他更想做的工作，比如从事主持工作。所以，赫林放弃了考德语研究生的想法，并为自己做好了打算。他想毕业后先找一份德语方面的全职工作，然后在自己感兴趣的主持行业再找份兼职工作，到时看看哪份工作更加适合自己、更好发展，再决定自己以后的职业。像赫林这样提早为自己规划好未来的发展道路，不管这个规划是否完美，是否能实现，但提前做好充分准备就不至于一毕业就失业。

当我们规划好未来的发展道路，就要努力提升自己各方面的能力了。这里的能力有三方面：第一种是知识能力，不仅包括所学的专业知识，还可以多学习一些课外的知识，比如你爱好摄影，那就可以着重学一些摄影专业知识，或者你爱好电脑编程，也可以学习编程知识；第二种是自我管理能力，就是所谓的个性特质，比如，当主持人可能需要人反应敏锐、思路灵活、口才好，等等；第三种就是个人竞争力，这是一种综合能力，也是很重要的一种能力，如果前两项能力提升了，必然能提高个人竞争力。

当你具备了这三种能力，求职时就要从这三种能力的角度出发来考察自己，看看自己适合从事什么类型的工作，当然不仅限于自己所学专业。

像上面的赫林同学，他的专业是德语，而他最想从事的职业是主持，他可以尝试去电台当一个德语节目的主持人。那他在学校除了学好德语之外，还要搞清楚当主持人需要具备什么样的能力和素质，并开始培养和发展这些能力，比如可以去学校的广播电台竞聘主持人，为自己增加主持经验，也可以多参加学校的辩论赛来提高自己的语言表达能力。

然而很多人不知道自己想要从事什么样的职业，他们不知道自己热爱什么，就连高考填报志愿的时候都是由父母决定学校和专业的，所以他们直到毕业后才发觉自己根本对未来没有任何想法。那么从现在开始，静下心来，倾听心底最真实的声音，让它来告诉你：你究竟喜欢什么，想要做什么。

对于两三岁的小孩，如果他们想要做什么，比如“我要去动物园”“我要吃果冻”，他们都会明确提出，如果遭到反对，他们就会用哭闹的方式来表达自己的不满。他们很清楚自己想要什么，为什么我们反而越来越不知道自己想要干什么呢？也许是因为我们小时候受到了太多阻挠，自己的喜好没有得到大人的尊重，却总是被告知“应该做什么”或“不应该做什么”。慢慢地，我们越来越不能够肯定自己，越来越失去了为自己做决定的信心和勇气。

但是，现在你已经长大，已经成为一个独立的人，应该拥有自己的喜好和想法。从现在开始，尊重自己、肯定自己，做自己想做的职业，决定自己的未来。

有一个年轻人，他毕业于重点大学的热门专业，毕业后找到了比较不错的工作，然而他在单位里干了几年却得不到提拔，反而是一些一般院校毕业的学生提升得更快。他非常郁闷，觉得自己以重点大学毕业也没什么用，还不如人家二流院校。

一天，他在河边望着河水发呆，紧锁着眉头，一位老先生上前来询问：“小伙子，有什么想不开的事情呢？”他便一股脑道出了自己心中的不解和郁闷。

老先生听了笑一笑，从脚下沙堆里捡起一粒沙子，对年轻人说：“你看清楚这沙子。”然后顺手把这粒沙子扔到了沙堆里，“去把这粒沙子捡回来，我就告诉你答案。”

年轻人不解地问：“这沙堆里的沙子都是一样的，我怎么可能把那粒沙子找到呢？”

老先生笑笑，从身上拿出一颗珍珠，顺手把它扔到沙堆里，对年轻人说：“那你把那颗珍珠捡回来，我就告诉你答案。”

这次，年轻人很容易就把珍珠捡了回来并还给了老先生。他高兴地说："这下可以告诉我答案了吧。"

老先生笑了笑，语重心长地对年轻人说："为什么你找不到那粒沙子，却能找到这颗珍珠呢？"

年轻人思索一番后顿悟，从此不再怨天尤人，而是在工作岗位中努力工作，并不断给自己充电，希望有朝一日做出成绩，得到别人的赏识。

在工作中，我们必须努力充实自己，提高自己的能力，否则即使你是名牌大学毕业，能力却一般，也不会在单位受到别人的赏识，甚至会受到别人轻视，觉得你名牌大学毕业却没什么能力。我们要努力让自己变成"珍珠"，而不要自我膨胀、自视过高，觉得自己怀才不遇。

那些自认为怀才不遇的人，在怨天尤人之前要扪心自问：自己真的具备与众不同的能力吗？如果答案是否定的，那就别浪费时间，在遇到表现机会之前，先练好"内功"完善自我；如果答案是肯定的，那么先恭喜你，因为你的确是一匹有着真才实学的"千里马"。在被他人赏识之前，先来挖掘自身的潜质、做自己的伯乐吧！如果你能够做到认识自己，那么，你将从熙熙攘攘的求职者中脱颖而出，这样的"千里马"又何愁找不到用武之地呢？如何提升自己的工作能力，来看看下面几个小招数。

职场小妙招

全心投入工作

对工作一直保持热诚，在职场上展现活力，甚至在团体里能激起同事或下属工作斗志的人，是企业最想留住或网罗的对象。要全力做好分内的工作，还要自动自发地多做一些事，这样除了能提高个人能力，还能得到上级的赏识。

发展多种能力

如果你只拥有一种专业能力，那就要小心了。因为现在的职场需要的是会“七十二变”的孙悟空。所以，工作之余，你不妨多学习一些其他方面的知识，把自己变成一个拥有多种能力的人，不仅能保住饭碗，说不定还能很快提升。

确实的执行力

订出一个好策略固然重要，但是光有策略不行，更重要的是能执行出成效。执行力好的人能将策略马上付诸执行，并且在过程中不断追踪确认，如果发现偏离了原定目标，就要尽快调整并修正执行内容，以避免离目标愈来愈远，浪费公司资源。你不想成为这样的人吗？那么，别偷懒，勤快点！

良好的沟通力

不论什么职务和岗位，都需要良好的沟通能力，沟通能力的重要性绝不亚于其他专业能力，具有良好的沟通力甚至能助你更上一层楼。

持续不断学习

优秀人才必备的条件之一就是拥有不断学习的能力。当今社会瞬息万变，如果你停步不前，不学习新鲜知识，那么很快就会被淘汰。

三、办公室里政治多，单纯真就挨欺负？

有人打小报告，有人两面三刀，有人拍领导马屁，有人不干活背后还说人坏话，有人拉帮结伙反而升得快，有人很注意给领导拉同乡或者校友关系……面对这些办公室的政治问题，没有人不感到头疼，可又不得不面对，因为这已经成为现代职场的自然现象。我们究竟该如何面对办公室政治？又可否充分利用办公室政治？如何利用？

所谓办公室政治，其实质就是为利益而竞争，资源有限、文化差异，组织内部之间的利益不平衡、利益冲突等都能引发办公室政治。办公室政治是一个源于美国华尔街的词汇，多少带着一些尔虞我诈的感觉，但是，在现代职场中谁也逃不掉。

刚出校门的职场新人，天真地相信只要自己专业过人，工作脚踏实地，又不惹事生非，总有一天老板会注意到自己。当初遇办公室政治就感到非常难以接受，因为之前所在的学校是比较纯洁的地方，人与人之间比较亲近，一下子面对这么复杂的情况一定吃不消，本想做个明哲保身的上班族，远离是非圈，谁成想还是没能躲过，最终莫名其妙地丢了工作。所以，与其刻意躲避，不如好好享受“办公室政治”。放下所有的不屑和无奈，多结交应交的朋友，少在同事间结怨。

陈力刚刚进入职场，他的老乡前辈告诫他，在单位要灵光点，要善于察言观色，千万别站错队，否则，辛辛苦苦干多少年都没有什么前途。陈力自知自己不是一个八面玲珑的人，为了避免自己陷入某个帮派，总是埋头努力工作，不过多参与办公室的议论，也不跟任何同事亲密交往，对所有的领导都彬彬有礼。几年下来，工作业绩大大提升，也得到了所有领导的认可。有一天，部门一个副总邀请他一起吃午饭，他不好意思拒绝，就接受了，很快，办公室就传言陈力和那个副总私交很好，于是一部分人对他突然很热情，还有一些人开始疏远他，他才知道自己遭遇了办公室政治。

像陈力这种以“独善其身”来应对办公室政治的，是用消极回避的态度来处理事情的。然而这种应对方式还是为他带来了烦恼，他变得很被动。所以，我们不能像陈力那样消极应对，换一种处理方式，或许会有不同的效果。

李翔应届毕业来到一家私营广告公司做文案，她性格比较活泼外向，工作半年就取得了不错的业绩。李翔平时心直口快，不免给人毛毛躁躁的印象。有一天，主任提醒她，小李是老板娘的亲戚，千万不要得罪她。李翔感到很奇怪，自己只是在和同事聊天中随口说了几句小李，这事主任怎么就知道了。不过李翔很聪明，既然领导批评了，以后就多注意。从此，她在公司说话谨慎小心多了，对小李也是毕恭毕敬。

新到一家公司后，首先要将人脉关系摸清楚，在办公室说话要注意分寸，不要在背后议论同事或领导。有时你无心的抱怨可能会让别人牢记在心。

进入职场后，我们要积极调动自己的情绪，主动建立良好的人际关系，然后去适应办公室内的人际环境，还要扮演好各种角色——同事、下属、上司等。有人要说了，良好的人际关系哪有那么好建立啊，和人打交道真是最累、最难的事。的确，身在复杂的办公室，一不小心就有可能惹“祸”上身。

小志是名校研究生，毕业后进入一家大型外企工作，担任市场部经理一职。由于他工作中表现非常优秀，成绩突出，因此得到了总经理的青睐。在一场市场大战中，他提出了一个新的推广计划，这个计划几乎否定了前面所有人的工作，却受到总经理的好评。在总经理的支持下，新计划顺利推行，并取得显赫成绩。庆功晚会上，小志多喝了几杯，昏昏沉沉中说：“公司没有我是不行的，等我做了经理，我就……”三个月后，总经理找了一个冠冕堂皇的理由，让小志“体面”地离开了公司。

初入职场，有干劲有冲劲是好事，但切忌为人锋芒毕露、说话口无遮拦，如果过分显露出自己的野心无疑是对上司的公然挑衅，必然会遭来“杀身之祸”。做事就是做人，如果失去了老板对自己的信任和支持，那必定难以立足。

秦朗大学毕业后进了一家通信设备公司，在市场推广部做事。这家公司的财务经理和销售经理关系不好，所以公司内部基本上分成两个派系。秦朗负责的是市场推广活动，按照程序，首先要得到销售经理的同意，然后找财务部出钱。每次销售经理同意的方案，财务经理总是找理由不同意，认为这是花钱的事，钱由财务部出，财务部就有审核权。一来二去，小李就像皮球，被两人踢来踢去，根本无法好好完成工作。两个月后，秦朗只能辞职走人。

如果自己的资历和位置在这场办公室战斗中注定要成为牺牲品，当然，离职也不失为“上策”，因为无论你怎么站队，都很难。不过，要总结经验教训，选择工作的时候不要被眼前利益所迷惑，否则陷入类似秦朗这样的纠纷会让自己身心疲惫，还面临很大的风险。

晓枫是某美术学院的高材生，毕业后进入了国内知名的广告公司做设计。决心一展抱负的他对工作充满了激情，可以不知疲倦地连续工作好几天，而且入职之后的每一个创意都不比老员工逊色，这彰显出他优秀的才干。与一般同事不同的是，很多做这一行的人性格都比较内向，而晓枫却是个开朗、善于沟通的人。平日里他喜欢结交朋友，有着很广泛的人际关系网，靠着自己的人脉也曾为公司拉过不少大客户。

但让他郁闷的是，这样优秀的工作业绩，上司却总像看不见似的，每次只是在口头上对他称赞有加，而面对加薪、升职等实际问题却从来都是避而不谈。后来，晓枫才听同事说，原来他的直接上司从来没有向老板汇报过，而且上司还经常拿着他的作品在老板面前抢功。晓枫秉着善良的本性不愿相信，后来，在一次创意评审会上，老板当众表扬了他的上司，夸他的创意独特，构思新颖，而实际上那个作品是晓枫的。

上司的做法使晓枫很生气，他心想“你不仁就不要怪我不义”，心中盘算应该找个时机好好给老板露一手。机会终于来了，公司接了一个大客户，刚好由晓枫所在的组负责，晓枫觉得如果自己做好了，功劳一定又会被上司抢了。于是，在构思初步形成的那天，他打算自己向老板报告。

下午一下班，他瞅准机会来到了老板的办公室，直接把策划书递给了老板，老板全程微笑着，好像对他的构思很感兴趣，并且对他的敬业精神给予了表扬和赞赏。谈完项目，老板又和他聊到了部门工作和晓枫的上司，晓枫觉得这是个揭露上司丑恶嘴脸的好机会，因此滔滔不绝地在老板面前把上司的种种不是数落了一遍。离开老板办公室，晓枫心想自己一定在老板心中留下了好印象，这次肯定能步步高升了。谁料到，刚回到办公室，上司就出现在他面前，问他是不是去了老板那里谈了些什么。从上司的表情来看，老板一定是跟他通过气了，晓枫只好一五一十地说了。

接下来的事情就可想而知了，上司在以后的工作中处处刁难晓枫，就连同事也将他孤立起来，不用猜也知道一定是上司在大家面前说了他的坏话，说他喜欢到老板那里去打小报告，如此下来谁还愿意亲近他。最后，晓枫不得不辞职离开。

职场中人要切忌“越级汇报”，因为这是办公室政治的大忌。越级汇报是一种对公司管理制度的严重破坏，极易导致中间管理层的管理权责被弱化，不论你对自己的主管多么不满，都不要试图越级汇报工作，这样很有可能会让你前途尽失，因为你挑战的不只是你的主管，而是公司的整个管理制度。

人在职场，即使你拥有一身过硬的专业本领，也要学会保护自己，懂得适应环境，更要懂得如何与同事和谐共存，否则，你将很难在办公室的政治游戏中生存、崭露头角并得到应有的发展。你必须把握好进退的分寸，才能在“斗争”中脱颖而出，稳稳占有自己的一席之地。

职场小妙招

学会自我保护

在办公室里除了努力工作，必须懂得自我保护。孔子说过“敏于行，慎于言”，这句话在办公室里有很强的实践意义。如果你还没成为高层领导者，那就学会低调做人，用心做事。

学会观察

想要在办公室政治斗争中生存下来，必须能够掌握主宰你命运的人的需求。那些掌握你命运的人可能是你的主管、你的部门经理、总监，甚至是大老板。每天和他们在一起工作、交流，很多有用的信息都摆在你的面前，这就需要你通过对表面现象的观察和分析，找出对自己有利的信息，帮助自己准确定位。

学会变通和圆滑地解决问题

办公室里没有绝对的公平和原则，你应该找到一个变通的、能够令同事接受的工作方法，有的放矢和游刃有余地处理和控制。升职加薪的确需要努力工作，真才实干的确是重要因素，但是若想要在办公室生存下去，如果不懂得变通和适应环境，再能干、再努力也仍旧会原地踏步、难上青云。

四、一年里面跳三跳，什么待遇最想要？

中国人的传统性格中具有“求稳拒变”的因子，然而随着时代的发展，这种传统逐渐被改变。越来越多的人不会、也不可能在毕业后就在就职的单位中一直工作到退休，多多少少会有跳槽的经历，甚至有些年轻人把跳槽当成了一种时尚和一种独特的生活方式。三个月的试用期一结束甚至没结束就跳槽，跳槽的理由五花八门，如和领导无法沟通、工资低、工作强度大、经常加班，等等。然而，在跳槽前你是否认真思考过，自己究竟想要一份什么样的工作。

田增是国内某知名重点大学毕业的高材生，毕业后在一所高校的图书馆工作。虽然工作对口，但他总觉得工资太低，很没面子。有亲戚说他虽然考上了好大学，可毕业后的收入又不高，看来考个好大学也不一定怎么样。

工作几年后，偶然的机会，田增遇到一个中学同学，这个同学在医药公司做医药代表，干得非常好，几年下来，就在老家买房买、车了。田增非常羡慕这个同学，当这个同学向田增提出跟他一起干，并许诺他一年买车、两年买房后，在高收入的诱惑下，田增毅然决然地离开了原来的事业单位，成为一名医药代表。

当上医药代表以后，田增的生活完全改变了。新工作应酬很多，烟酒超量，身体吃不消不说，晚上回家的时间也没有保证。他老婆的工作也很忙，孩子便经常被疏忽，学习成绩不断下滑，有时候甚至吃不上饭。为此，老婆经常抱怨。

对于新的工作方式，田增也感觉很不适应。新工作存在灰色地带，为了销售产品，经常要给相关负责人送礼、送红包等，这使田增感到非常不安，慢慢变得神经衰弱。虽然现在的收入提高不少，但他觉得自己反而没有像以前那样受人尊重了。对每一个客户都要点头哈腰，阿谀奉承，有一种低人一等的感觉，而且只能按公司对产品的市场营销方案销售，对其中明显不实、夸大的宣传也只能执行，他感觉在工作中没有丝毫乐趣。

坚持了一年，田增感觉自己身心俱疲。在考虑了自己的家庭、身体、良心、尊严等问题后，他决定还是回到以前清贫但让人踏实的工作环境中。

如果仅仅是因为自己的工资或者待遇低，而不综合考虑其他因素就跳槽，是最不理智的行为。听到自己的同学、朋友等说因为跳槽而收入提高，就产生了跳槽的想法，想改变自己目前因卧槽而不变的工作、不变的工资、不变的环境，这是人之常情。但是，需要注意的是，每听到这些，自己要保持清醒的头脑，因为人们通常总会不自觉地向别人夸耀自己得意的事，而有意识地掩盖不好的一面。因此，对于别人夸耀的话大可不必认真对待。自己要清楚自己最在乎的是哪个方面，否则，将会付出一定的代价。

晓星是一家国有企业的员工，两年前大学毕业后一直在国企享受着稳定的工资和优厚的福利。但她觉得这份工作太清闲了，没有任何挑战，每天都是例行公事，晓星很不甘心，她觉得自己如果长期这样下去一定会在社会上失去竞争力。于是，她便产生了跳槽的念头，当她把这个想法告诉她一位在外企工作的朋友后，朋友却说自己也正打算辞职，因为在外企虽然可以学到不少东西，但工作压力太大，自由时间太少，不能享受生活。

在国企工作有国企工作的困境，在外企工作有外企工作的弊端，其实，每份工作都是这样，当你在一个工作岗位呆了两三年，就会产生像晓星和她朋友一样困惑的感觉。如果你也刚好遇到这样的情况，不妨静下心来重新对自己的职业进行评估和规划，要知道跳槽并不是解决这种困惑最好的方法。

很多失败的跳槽都是冲动惹的祸，是由于“气不过”而引发的。如没有获得期望的升职或加薪；被上级错误地批评，甚至降职或减薪；在客户那里受了委屈，在公司内部也不被理解；与同事发生争执，被误解、孤立，等等。

如果你是由于上面的原因想跳槽的话，更要冷静下来。因为你跳槽的目的并不是将要加入新单位，而是要尽快摆脱目前的状况。当一个人被情绪左右，尤其是在气头上时，最可能做出不理智的决定，往往产生“不管新工作如何，先离开这里再说”的想法。在这种情况下离职，选择新工作过于急切、目光短浅，很难找到合适的工作。

所以，做出跳槽的决定，一定有非跳不可的原因，同时也要有一个希望达成的跳槽目的。比如，希望获得什么福利与社会保障，希望工资达到什么水平，希望得到更多的晋升机会，或者是希望获得更好的人际关系，等等。

杨文上大学时学的财务管理专业，毕业后一直找不到理想的工作。他叔叔开了一家小型超市，发展得很好，看到杨文找不到工作，主动邀请他来自己的超市工作。起初，杨文在叔叔的超市做财务管理。虽然他刚毕业，经验不多，但很快把小超市的财务管理水平提高到了一个很高的档次。同时，杨文也帮叔叔管理超市，包括进货、店面管理、商品管理、附近小区的宣传与促销等工作。在销售旺季的时候，杨文也会冲上一线理货、收银等。

经过几年的打拼，超市的规模扩大了，生意也越做越好了，叔叔也有了不少积蓄。杨文很想利用这笔资金再开一家超市，这样他能够独挡一面，两个店一起运作，也可以降低进货成本。

但是，叔叔不但不同意他的开店计划，反而渐渐对超市的事情不管不问，每天沉迷于和以前的工友喝酒打牌中。杨文劝不动叔叔，叔叔在外面越玩越上瘾，无法控制自己，经常会从超市账面上拿钱去打牌。

这时，一家大型国际连锁超市招聘店长助理，杨文动心了。他觉得小型超市的管理与国际巨头是比不了的，机不可失，他决定去试一下。最终，杨文通过面试，获得了那个职位。

后来的事实证明，杨文的选择是对的。在新的岗位上，他学到了国际先进的管理经验，获得了出国进修的机会，开阔了视野，从而使自己的职业生涯提升到一个更高的水平，并获得了前所未有的发展空间。

像杨文这样了解自己最想要得到的是什么，并在合适的时机跳槽，便能获得工作上的成功。

曹伟毕业后在一家公关公司工作了两年。两年中，曹伟工作非常努力，也很出色，但由于经常出差、加班，使得他的身体频频出现状况，曹伟觉得有点得不偿失。

曹伟服务的客户全部来自于外资企业，接触中，他很羡慕外企员工的工作环境、企业文化与较高的薪水。他觉得自己完全能够承担与外企员工相同的工作，或者比他们做得更好，于是他萌生跳槽去外企的念头。

他精心制作了简历，把自己的背景及做过的项目都列了出来，然后，他把简历放在网上，并通过国内几个主要的招聘网站发出很多简历，虽然也有一些面试机会，但面试之后大都杳无音讯。

在参加面试的公司中，曹伟也感觉到虽然同是外企，却差别很大，有的老外主管非常有礼貌，而有的则很粗鲁。

新工作没有着落，还浪费了他许多时间与精力。于是，曹伟决定改变应聘策略，首先把他所感兴趣的本行业的外资企业进行了梳理，找出企业文化或管理方式他最认可的几家企业。其次，他把通过工作关系认识的企业员工都梳理了一遍，找出几个最有可能帮助他的人，分别约他们出来吃饭，通过他们了解企业的职位空缺，并帮助他把简历递给公司的人力资源经理。同时，在自己现在的工作中也更注意与客户公司的人建立起私人关系。

终于，功夫不负有心人，在朋友的介绍下，他成功地去了一家他看中的世界500强企业做市场推广专员，从而顺利从乙方变成了甲方，专门负责与他以前工作过的那一类公关公司的业务联络。

必须要明确自己的职业目标，如果发现自己目前的工作并不理想，切忌盲目跳槽，不妨在跳槽之前好好规划，三思而后行。

职场小妙招

追问自己的内心

跳槽之前，第一需要思考的是：我想要什么？我想达成什么样的人生目标？我的目标与现状是否匹配？在职业中我追求什么？我的职业价值观是什么？

分析自己的工作

明白自己内心的需求后，分析一下目前的工作带来的价值及产生的问题是什么？通过自己评估，评判你目前的职业情况是否能够在未来实现你的目标。

衡量自己的所得

在了解自己的内心和工作目标后就要分析，如果不跳槽，短期和长期会得到什么；如果跳槽，短期和长期又会得到什么。

作为职场的一员，考虑到前途、责任和压力，我们千万不能意气用事，用随意跳槽来解决问题。如果你做好了最充分的跳槽准备，做好了接受跳槽所带来的最坏的结果，当断则断，所谓“树挪死，人挪活”，也许，跳槽给我们带来的是前途无可限量。

五、职场充当冲锋枪，判你出局谁买单？

身在职场，深刻体会了职场的庞大与复杂，也许更体会了职场的冷酷和无情，勾心斗角、尔虞我诈的事情随处可见，我们一心想着不去得罪别人，不去伤害别人，然而却不曾想这善良之心被人利用，成为别人在职场的冲锋枪，成为别人的爪牙，最后落得个被人嫌、无人理，甚至被淘汰出局的结局，这样的结果谁能承受，这样的后果谁来买单？

有人说：“成功的目标就是要成为大成功者的心腹，而不是成为别人的爪牙。”人生道路上，无论我们做什么事情，都要与各种人打交道。职场中更是充满了形形色色的人，想要在职场中混得有声有色，不仅要学会如何抵挡外在侵袭，还要学会在暗中保护好自己。因此，我们要善于辨别是非，尤其对于涉世不深的年轻人来说，要学会从身边人的言行举动中辨识出忠奸。

林木毕业后到一家工厂的车间做调度工作。一天，车间主任主动找到他，说公司下达了加工两种型号机床配件的任务，时间非常紧，并虚心地征求他的意见，看如何安排，有什么好点子没有。

林木非常热心，积极想办法，说最好的方法是能够将两套配件同时安排、同时生产，充分发挥各种设备加工的能力。主任采纳了他的建议，并让他着手组织生产。然而，在配件加工的过程中，车间主任又突然说其中一种零件要提早交货，现在再更改生产计划已经不可能了，只能眼睁睁地延误交货期。厂长对此非常恼火，要追究车间主任的责任，而主任却把责任全部推到了林木身上。无中生有地说自己根本没同意这种安排，完全是林木自作主张这么干的。结果可想而知，厂长把责任推在林木头上，扣了林木半个月工资。林木有理无处说，白白地让别人当枪使了一回。

职场中，在别人遇到困难的时候，伸出援助之手本是应该的。但要事先把这样做的后果想清楚，不能什么事都无条件地承担，不管对方是什么人。我们要多个心眼，不要被人算计，也不要被人当枪使。

如今，有很多人习惯于替上级“背黑锅”，对老板、上司“唯命是从”，身在职场，这是在所难免的。但服从不是盲从，我们要用自己的头脑来考虑上司的决定是否正确。有时候为上司背黑锅自然是走进上司心里的最佳捷径，但这黑锅也要有选择地背，如果在不合时宜的情况下听从了上司的错误决定，那就很可能被“黑锅”压死。

周云是一个心高气傲的女人。因为能力卓越，很轻松地就进入了一家日资银行工作。丰富的工作经历和一口流利的日文是她最好的职业资本。在森严的等级制度中，还有一位比她早来一年的丛薇，总是对她颐指气使，让她平白无故地受了很多怨气。当然，即使受了怨气也不能怎样，早来一天都是资历的象征，更何况是早来一年呢？如果周云没有那么敏感的话，那倒也没事，偏偏她的自尊心又很强，心里暗暗发誓一定要将自己的业绩做好，期望得到客户总监肖莎的赏识。这样才能爬到比丛薇更高的位置，扬眉吐气。

跟她一起来的还有一个叫姚芳。姚芳总是一副单纯的样子，总有很多问题要问。办公室里的其他人都有很多事情，因此不太理会姚芳。只有周云愿意接下让姚芳觉得吃力的客户，并且很大方地将一些业绩算在姚芳头上。其实，周云的想法很简单，觉得姚芳心思单纯，经验也没她丰富，应该多帮她一点，说不定因此而得到肖莎总监的赏识。

没多久机会来了，银行进行例行的人事调整。周云信心十足，就等着总监亲口告诉她自己被提拔的消息。结果却出乎意料，姚芳得到了提升，而她自己没有任何变动。她又气又急，不清楚自己到底是哪里出错了。一次和同事一起吃饭，才了解到事情的真相。原来姚芳根本不是一个心思单纯的人，她很会隐藏，事实上，在进入这家银行之前，她也在其他金融机构采过。在周云双手为她奉上业绩的同时，姚芳已经自己拿下了好几个客户，而周云却被蒙在鼓里。至于为什么提升姚芳，同事说："各部门的上司都觉得你太强势了，所以大家都不愿意你被提升，以免日后气焰更加嚣张。谁会傻到放一个咄咄逼人的人在自己身边给自己添堵。可姚芳就不一样了，她能力好，又漂亮，又柔弱，大家都愿意给她一个机会。而你呢，没有人觉得有必要给你机会。"

职场是一个竞争激烈的地方。有人凭着自己的实力取胜，就有人凭着自己的心机取胜。有人凭着踏实取胜，就有人凭着取巧获胜。有人自以为是，却时常被人利用。比如，周云想要通过自己的职位提升来达到压制丛薇的目的，殊不知自己在无意中已经被别人压制，被他人利用了。她看不惯丛薇，在没有足够的实力和资本与她比拼之前，妄想让自己的“乐于助人”被别人看见，进而达到自己晋升的目的，反倒被别人当成了傻瓜，被人居心叵测地利用了。

容易被别人利用和算计的人，往往是心无旁骛，一心工作的人。因为他们的注意力都集中在具体事务和工作细节上，所以，在人际关系上就会存在一定的弱点，从而被人利用。在抱怨自己被人利用的同时，也应该自我警觉，适时地问问自己：我为什么会被别人利用？说起来，像周云那样被人利用和算计，表面上看起来是别人的过错，其实自身的原因也占了很大一部分。自视甚高，锋芒毕露，太过自以为是，或许就是她被利用的根源。

这里，“利用”也不见得就是贬义的。事实上，既然是利用，就肯定会有利用的一方，也有被利用的一方。在职场中所谓的利用，更多的是偏向“中性”的含义。我们没有完全避讳自己被利用的价值，因为利用和被利用在职场中的各种场合都司空见惯。

正所谓，人在江湖，身不由己。职场就是没有硝烟的战场，表面上看起来风平浪静，其实暗地里针锋相对、剑拔弩张。每个人都有私心，你无法阻止对方是否利用你的善良、正直或高傲去达到某种目的。平常的工作中，大家可能和和气气，一旦面临加薪、晋升、裁员等关乎个人利益问题的时候，彼此之间的合作关系就有可能变成竞争关系。如果总是没心没肺地抱着“你好我好大家好”的想法，很可能就会在不小心的时候遭到暗算，被居心叵测的人当枪使。

职场如战场，每个人都在老板、同事和下属编织出的关系网中求生存，求发展，都在利用与被利用的重重阻碍中匍匐前行。人切勿有害人之心，却也不能没有防人之意。在碰到居心叵测的职场小人想要利用自己时，究竟该怎么办呢？只有勇于妾受挑战的人才是真正的战士。对付小人，并没有想象中那么困难。试试用以下的绝招来“干掉“这些小人吧。

职场小妙招

冷漠以待

对待那些比较喜欢散播流言蜚语的小人，最好的方式就是冷漠以对，让他们知道你不屑和他们一般见识。这些小人常常活跃在茶水间、化妆间等各种八卦流通场所，制造和传播谣言。如果你不幸成为他们口中的“主角”，不要去做正面回应。因为你回应得越少，能给他们提供的素材就越少。如果他们还是无所顾忌地散播你的谣言，那么你不妨就去提醒一下他们，小心因为“诽谤罪”而去蹲“局子”。

划清界限

有一种居心叵测的人喜欢用打压别人来表现自己的优越性。不管你说什么都会被他们暗中否决，你做的任何事情，不管他有没有评价权，他都会提出自己的看法来嘲笑你。你要记住一句话，越缺什么越爱显摆什么。这些人往往就是因为心里极度自卑，才会通过这种方式来证明自己的存在。

如果你够理智的话，就不用管他们在说什么。这样的小人常常会是团队中的绊脚石，如果你不幸和这样的小人分在一组，最好要记得和他们划清界限。不要因为他们的话而受到影响，有必要的时候可以给他们提醒：“别让你的自卑被别人看见，这么卑鄙的事情劝你还是少做为妙。”

适当还击

刚到一个新公司，部分职场老手会仗着自己的资历去欺负新人。这类人往往没什么本事，做事情都愿意挑那些最简单的工作来做，瞄准了你的软弱，让你做最辛苦的工作，到最后还抢走你的功劳，排挤你、欺负你、利用你。对待这样的人，适时地忍让是必要的。但是如果他们做得太过火，你也应该适当还击了。不妨找一两个机会，给他们点教训，好让他们知道你不是好欺负的。

请上司主持公道

如果你的同事已经欺负到你的头上来，明目张胆地算计你，利用你，那么，除了还击之外，最好的方式就是请你的上司主持公道了。尽管很多上司都不愿意介入下属的纷争之中，但是如果下属不和谐，也会影响到工作的积极性，所以他们是不会置之不理的。可能你会觉得告状不是一个很光彩的事情，但是如果你告状的对象是小人，那就另当别论了。

第四章 学习纠结篇：唤醒沉睡的知识——什么样的学习才属于自己？

工作越来越难找，用人要求越来越高，从学历到经验、从技术到语言、从素质到修养一个都不能少，于是教育行业在社会中迅速发展起来。为了能够让自己活得更有自信，为了给自己的成功积聚资本，很多人将辛辛苦苦赚来的钱投入再教育，只要脑袋里还有一个缝，就要用知识将其填满。可是，你有没有想过这些东西真的就那么有用吗？你的大脑里究竟承载了多少可利用的资源，又有多少资源一直处于闲置状态？学习固然重要，但是盲目地学习却是一件很可怕的事情，它浪费我们的时间，浪费我们的脑细胞，甚至还会让我们的思维不再清晰。醒醒吧！好好地将思维过滤一下，看看哪些有用的知识需要唤醒，而又有哪些东西需要让他们永远地沉睡下去。

一、不考名校不罢休，考到博士又怎样？

受到中国传统思想中“万般皆下品，惟有读书高”的影响，很多学生和家长都认为，学习是第一重要的事，考大学是唯一的出路，甚至有人觉得考名校才是唯一的选择。名校历来便是身份的象征，很多参加高考的学生复读了一年又一年，为的就是进入自己梦寐以求的大学，还有人不甘心仅读了一个一般的大学本科，挤破头也要考名校的硕士、博士。事实上，当今社会已经逐渐从重学历向重能力转变。盲目追求高学历和名校，显然是缺乏理性的。

某市某中学有位“高五”学生，因为他已复读过一年，第二次复读，他自嘲已是“高五”年级。其实，他的学习成绩挺优秀，前两次的高考成绩都远远高于重点本科的分数线，但他坚持“非北京大学不上”，结果两次分别以3分、2分的差距与北大无缘，又放弃了上其他大学的机会。第三年高考，他仍然只报北大，他说：“考不上的话，我宁愿第三次复读。”

这位同学对理想执著追求的精神可嘉，但他这种“名校情结”近乎病态，实不足取。“如果你爱她就送她去复读，她可以走进梦想中的清华、北大。如果你恨她就送她去复读，她可能比上一次摔得更惨。复读班带走了我的青春和朋友。”这是一位高考高分复读生写在日记中的一段话。

在众多家长和学生眼中，北大、清华是魂牵梦萦的圣地，是实现理想抱负的‘梦工厂”。从出国留学看，北大、清华的毕业生更受国外大学的青睐；从就业趋势上看，用人单位对名牌大学的毕业生情有独钟。在这样的大环境下，“北大情结”、“清华情结”也就自然膨胀。但如果人人都一味地追求“名牌”，会带来许多不良后果。2005年6月26日，山西省朔州市朔城区北邵庄村一女生，因两次高考落榜后自杀。这不能不让我们警醒。

其实，学校的牌子并不是决定因素，关键是自身的努力。只要有能力，一定会得到别人的赏识。

小文是上海市一所重点高中高三文科重点班的学生，高考放榜后的三四天时间里，她和妈妈两人整整瘦了一圈，爸爸也整天紧锁着眉头。原来，在高三几次摸拟考试的成绩都排到班级前十名的她，高考分数只有584分，比重点本科线还低3分。高考结束到分数还没出来的几天里，全家争论的焦点是“小文应该读复旦，还是读人大；应该接受海派文化熏陶，还是京派文化影响”。可成绩出来后的这几天，全家人讨论的问题是“小文是去读一个一般本科，还是复读一年，明年再考”。结果，经过再三考虑，小文还是向学校递交了复读申请。

像小文这样的人应有尽有，他们不考上重点大学誓不罢休。其实，当你面对是否复读的选择题，要保持清醒，对自己未来的学习、工作乃至整个人生拟定一个长远的目标，不是只有名校可以让你达到这个目标。目前招聘单位挑选人才已不再将名校、学历作为唯一标准，而是更注重能力。所以，即使高考落榜了，未来也同样可以充满光明，只要你按照你的人生目标一步步努力，前途会依旧美好。因为即使你复读了，也不代表就一定能考出理想的成绩、考上理想的大学。

诚然，名校有好的学习环境和雄厚的师资，但考进名校并不意味着一生无忧。没有哪所名校敢保证读了它们的学校就一定能成功。如果自身不努力，再好的学习和环境条件也无济于事。抱有“学而优则仕”观念的学生和家长们，一定要把眼光放长远，要知道“名校不是唯一的梦工厂”，只要开阔眼界，就不难找到属于自己的天空。

家住湖南长沙的谭刚（化名），今年48岁，出身在知识分子家庭，父亲当过中学校长。凭着天资聪颖，谭刚16岁便顺利考入湖南大学土木系。毕业那年，他被分配到大连重型机械厂，成为建筑设计的助理工程师。两年后，他考上了重庆建筑工程学院建筑经济专业硕士研究生，研究生毕业时，他的论文在重庆市获奖。他的出色表现很快得到了美国托利多大学的青睐，并答应资助其来该大学进一步深造。“去美国深造前，托利多大学的导师还寄论文要谭刚修改。到了美国，导师亲自到机场迎接他。”儿子在学业上的出色的表现，父亲谭庆阳至今仍引以为豪。

在托利多大学，谭刚选择了攻读工商管理专业。“学习期间，我的表现不错，当时可以拿到美国绿卡，但我决意要回国工作并予以放弃。”谭庆阳说。1992年8月，谭刚从美国归来。

谭刚回国后，他怀揣国家留学服务中心的介绍信，很快有单位向他抛出了橄榄枝，四川大学就是其中一家。“我就想搞科研成果。”面对四川大学的挽留，谭刚则坚持自己从事科研工作的意愿而予以放弃。

几乎同样的经历，谭刚先后放弃了可以在同济大学和湖南大学教书的机会。后来，谭刚相继到海南、长沙等地应聘，曾担任过工商银行湖南信托投资上海营业部的总经理助理等职务，但由于种种原因，每个单位呆的时间并不长，其中在一家城建公司呆的时间最长达3年。

“觉得不是自己理想的工作。”面对失去的一次次机会，谭刚似乎并不后悔。然而，随着年龄优势的过去，谭刚找工作似乎变得越来越难，过去6年来，除在当地社区和街道的支持下参加了大大小小的招聘会以外，他基本就呆在家，成了一个大“宅男”，除了网络等渠道，几乎与外界没了交往。

谭刚本是父母的骄傲，有着优异的成绩和学习经历，本应该有一个美好的前程，但都因自己所谓的“理想工作”而断送了。

在工作、学习和生活中，我们都应该不断调整自己，一味怀抱不切实际的梦想并不是坚持，而是偏执。在走不下的时候，不妨转个弯。

考上名校固然骄傲，然而抱着不考上名校不罢休、一年又一年地复读，你失去的不仅仅是时间和青春，更会逐渐失去社会的竞争力。

学习小妙招

学历不是一切

如果你毕业于名校，拥有高学历，这无疑是幸运的，但是，当你获得高学历以后，千万不要沉浸在其中，最关键的事情是要把学历证书彻彻底底地丢到一边，实实在在地从小事做起。“抬头做人，俯身做事”是最关键的。当然，如果你毕业于一般大学，学历也不高，不要气馁，因为学历不代表一切。为自己制定好学习和人生目标，制定计划，一步步地努力，你的未来将会很美好。

能力是关键

当今社会，能力是关键。不论你毕业于名校还是普通院校，不论你是博士、硕士、本科还是大专，要想立足于社会，必须要有超强的能力：工作能力、学习新知识能力、人家交往能力等。只有个人综合能力不断提高，才能使自己在变化多端、人才辈出的当今社会站稳脚跟。

二、别人都学你也学，学习也能追时髦？

英语四六级、托福、雅思、GRE，计算机二三级，心理咨询师，营养师，人力资源管理师，注册会计师……琳琅满目的各种等级考试，在社会中深受年轻人的追捧，其中在校大学生是考证的主力军。很多学生为了考到各类证书，不惜花费大量时间和金钱，有的甚至放弃了专业课学习，积极投身到“考证大军”中。因为别人都在学、都在考，如果你不学、你不考就会落后于大家。这种“情非得已”、“盲目跟风”、“引领时尚”的“考证情结”存在于很多人的身上，然而，学习也能追时髦吗？证书真的是越多越好吗？

随着就业压力的增大，越来越多的职场新人、大学生成为了“考证族”。他们看到别人都在学，别人都在考，于是他们不淡定了，也开始觉得证书越多，信心就越足，证书的种类越齐全，求职的成功率也就越大。

刚毕业一年的小雨在回忆大学生活时印象最深的就是考证。“大三下半学期到大四整整一年，我基本处于不断考证的状态中”。她说，“大学的考证主要分两种：一种属于通用型证书，如大学英语四六级证书、计算机等级证书，这是就业的基本门槛；另一种属于自由选择型，比较杂，凭个人兴趣来选择考还是不考。”

“我们班几乎每个同学都会在通用型证书的基础上，再选择性地考出两本以上的其他证书，不然看着别的同学考这证考那证，心理压力还是很大的。”小雨说她是学金融专业的，班上同学的考证轨迹基本一致，先是会计从业资格证，再到证券从业资格证、银行从业资格证、期货从业资格证……

小雨说他们班上曾有一位牛人，从大二开始考证，毕业时已经考了所有与金融相关的从业资格证书，不过很可惜，这位牛人最后去了一家企业做销售，这些证书一本都没用上。

“当然，到了大四上半学期，很多人会突然发现我有的证，别的同学也有。于是大家又开始考一些专业外的证书。”小雨在毕业前除了考取了会计从业资格证和证券从业资格证外，还额外考了日语等级证书。而她的同学也有不少人去报考企业人力资源管理师、心理咨询师和营销师。

诚然，考证可以丰富知识、提高职业技能，但如果只是把考证当成自己找工作的“敲门砖”，或者看到别人都在考，自己不考就不踏实，而急功近利，在考证上面花费了大量的时间和金钱，还影响了自己本专业的学习，这就本末倒置了。脚踏实地地学好自己的专业知识远比花大量精力去考些没有实际用处的证书强得多。

传播专业大一年级的王宁报名参加了计算机二级数据库考试，被问到报考原因时，她说：“大家都报了，我就跟着报了，反正多一个证书也不会有害处。”她的一名同学刚刚取得了普通话一级乙等证书，同时又报考了今年九月的计算机考试，她说：“我认为大学里要多拿本儿，技多不压身。虽然我也不清楚这些证书在今后的求职中是否有用处，但还是打算先考下来再说。”

有这样一则寓言故事，说的是：从前有一只乌鸦，看见老鹰从鹫峰上俯冲下来抓住一只羊。乌鸦也想学会这种本领，它拼命练习，结果不但没抓住羊，反而被羊毛缠住了爪子，被牧羊人抓住了。我们在享受这则寓言带给我们的轻松、笑话乌鸦自食其果的同时，也明白了乌鸦失败的原因，那就是盲目学习别人而忘记了自己的客观情况。学习别人是好事，但盲目学习就会成为笑话。乌鸦自不量力，没有从自己的重量和大小出发，急于求成，盲目地以为学习鹰的方法就可以做到和鹰一样，所以它的那些拼命练习做的是无用功，反而害了自己。因为我们每个人都有自己在某一方面的长处和特点，不能因为模仿而丢失自我，否则，这种模仿就是盲目的。

在学习上也是如此，每个人都有自己的兴趣爱好，在选择学习内容时，要根据自己的兴趣爱好来选择。

小梅是中国海洋大学中文系的学生，大二时她考取了计算机二级证书，进入大三以后，她又参加教师资格证的考试。“考教师资格证是因为专业关系，今后可能会去当老师。而确定考计算机二级证书是考虑今后可能会从事秘书工作，加上班里其他人都在考，如果自己不考，求职时就没有竞争力。还有些人在一年内考三个甚至更多的证书。”小梅说道。

像小梅这样为自己的以后做好了规划而去考证，也未尝不可。这是为今后的就业打基础，能够增加自己的竞争力，提高就业机会。不过有些人只是为了追求时髦，看别人在考，考了一些资格证书与自己的专业毫无联系，而且今后也不准备从事此类工作，纯粹只是为了给自己的简历多加一些色彩，给自己增添一些信心。

所以在考证之前，一定要对自己将来的职业做个规划，找准立足点，再针对性地考证，否则，考出来的证书没有什么含金量，在就业的时候没有任何优势。

青岛科技大学的汪响大三的时候和同学一起报名参加了某培训机构的CAD考试培训，课程都是安排在周末晚上，每次上课两个半小时，中间只有10分钟的休息时间。“在考试之前，由于老师会给我们重点，所以我们都不担心自己拿不到证书。”据汪响介绍，现在很多证书的培训机构都存在类似的情况，这也就导致了很多人仅仅是将证书考出来，而实际能力却没有提升。

某招聘会现场上，王磊拿着4份厚厚的简历，还带有11本职业证书的原件和复印件，其中有普通话等级证书、会计资格证书、计算机证书、电子商务师资格证书以及驾照等。可两个小时下来，王磊手上还有3份简历没投出去，这下他着急了，原以为考了这么多证书就能很容易找到工作，可没想到完全不是这么回事，从正式找工作到现在，他投递了近30份求职材料，但很少有回音，即使能参加面试，对方也不是很热情，不太关心他获取的这些证书。如今面临毕业，还是没有哪家单位愿意录用他。

用人单位认为应聘者手里的各类证书只不过是靠死记硬背考试获得的，有的甚至是通过花钱获得的，这并不能代表他们有这个能力，所以在招聘和选择员工时，主要观察的是应聘者的专业基础知识和技能，对一些与此无关的职业证书一般不会多做考虑。

本来以为多学习知识是好事，是一种积极追求进步和自我提升的表现，但盲目跟风、追求潮流、盲目考证反而表现了自己根本没有职业生涯规划，浪费了时间和金钱不说，也没对自己的未来带来任何作用。所以在面对大家都考、大家都学的情况时，你要清楚自己想要的是什么。

学习小妙招

学好专业课

只有专业知识扎实的人才能受到用人单位的青睐。如果你拥有无数杂七杂八的证件，却没有扎实的专业知识，用人单位仍旧不会对你“侧目”。即使你没有什么证件，却有着丰富的专业知识和经验，用人单位同样会选择你、器重你。

针对性地考证

在学好专业知识、掌握专业技能的同时，选择和专业相关，符合自己未来职业规划的等级考试，这无疑是为自己的就业增加了竞争力。

增加经验，提高能力

在学习专业知识的同时要不断针对相关工作积累经验，你可以通过兼职等方式提高自己的工作能力，这样才能在就业大军中早日找到自己喜欢的工作。

三、两耳不闻窗外事，书本真能当饭吃？

学校里，“两耳不闻窗外事，一心只读圣贤书”的人比比皆是，他们不关心政治，不关心社会，一头埋进书本中，好像书本真的就能当饭吃。然而，当他们走进社会，走进人群，望着五花八门的世界，面对形形色色的人群，他们迷茫了，他们纠结了，怎么书上没说遇到这种情况怎么办？噢，他们才恍然大悟，原来，“尽信书不如无书”！

有这样一个笑话：从前，有个书呆子，一天到晚只会呆在家里看书，什么事也不会干，整天依赖妻子，饭来张口、衣来伸手。

这天黄昏，妻子在地里干完活回家，只见自家的鸡还没有归窝。她自己要忙着做饭，没工夫去张罗赶鸡，就对丈夫说：“我做饭，你去帮我把鸡都赶进窝去。”

丈夫答应了。他放下书本跑到外面，去将自家的鸡赶回家。

书呆子看到自家那几只鸡，连忙上去一阵使劲猛赶，结果那几只鸡吓得惊慌失措，乱飞乱窜；书呆子只好停下来朝鸡扬起手慢慢示意，于是那鸡又停在那里东瞧西望。等那几只鸡刚刚安定下来，要向北面走去，书呆子赶忙上前将鸡拦住，鸡吓得一掉头又朝南边跑去，书呆子急了，又赶到鸡前将鸡拦住，鸡又重新掉头朝北跑去。就这样，他靠近鸡时，鸡吓得到处扑腾，他远离鸡时，鸡又停住不走。折腾到天黑，还有3只鸡依然没赶回窝。

妻子做好了饭，还不见丈夫赶鸡回家。她出屋一看，书呆子站在那里正显出无可奈何的样子，额上还淌着汗。妻子很是生气，教他说："应该这样赶鸡：在鸡安闲的时候慢慢靠近它；如果它惊恐不安，你就扔点食物去引诱它。不能像你这样简单粗暴地乱赶一气，要慢慢引诱着赶。你尽量把鸡赶到熟悉的路上，让它慢慢安定下来，它自然而然就会直奔回窝了。这才是最好的赶鸡方法。"

书呆子恍然大悟，说："想不到赶鸡也有学问，怎么书本上就见不到呢？"

这个书呆子只知道读书，书本以外的东西一无所知，真正应验了那句"百无一用是书生"。

有些学生就是抱着"好好读书"的理念，一头扎进书本中，觉得只要学习成绩好，什么都错不了。把兴趣、爱好全都抛在一边，就想着努力提高成绩，殊不知，作为当代学生，"两耳不闻窗外事，一心只读圣贤书"已经完全不能满足于当今社会的发展需求。社会需要的是综合素质型人才，扎实的基础知识已经远远不能满足社会需求。有较强的事业心和责任感，有吃苦耐劳的创业精神，有较强的动手能力，具有团结协作的团结精神，这样的综合人才已经越来越受到社会及各界的认可。

当我们有机会埋头学习某个专业时，我们要问自己：我要学的知识能够用在我的日常生活中吗？我所学的知识究竟能为我带来什么？

诚然，书是我们的精神食粮，书能带给我们无限的乐趣和无穷的力量，让我们领略到外面的精彩世界。读书之余，我们也要多了解社会，了解朋友。因为人之所以成为人，是因为他具有社会性，我们迟早要踏入社会，迟早要面对人群。学会怎样和人打交道，怎样立足于社会，才能在我们真的在踏进社会的那一刻不会感到无所适从。

所以，如果你还在两耳不闻窗外事地做书呆子，那么请走出你的漠不关心与沉醉痴迷，从你凌乱的、空气不怎么流通的书屋中走到阳光中。或许你会一下子领略到这世界原来有着我不曾发现的美丽！

我们只有把从书本上学到的知识有效地运用到生活和实践中去，才会发挥其效用，否则就是一些死的、没有用的东西。只有经过实践，才能把学到的书本知识真正变成属于自己的财富。对于事业有成的人来说，导致他们成功的一个决定性因素就是把学到的知识全部应用于自己的实际操作中并不断提升自己各方面的能力。

我国的篮球明星姚明就是一个非常爱学习的人，而且他总能把学到的东西应用到实践中去，这促成了他的成长。

姚明很喜欢读历史书。他研究比较多的一个人物是诸葛亮。从诸葛亮身上，姚明学到了他解决问题的信条。姚明认为，诸葛亮的理论主旨是运用一切可以支配的资源：你所有的士兵、军官和将军，找到一种方法让他们百分之百地发挥。在姚明来到NBA后，这种思维方式对他很有帮助。姚明必须使出自己所有的一切。身体上，姚明处于劣势，虽然姚明很高，但他并不是很壮。

别人很容易把姚明从篮下推开，而姚明推别人却没那么容易。诸葛亮也是如此，他体格并不粗壮，他率领的军队也并不强大，但却能运用头脑击败更强大的敌人。

正是在这个启发下，姚明找到了自己在NBA的强项，并尽全力发挥。姚明不会担心自己在他人眼中如何，别人怎样打球，或者以前的NBA中锋做了什么。姚明学会了抛开这些，时刻提醒自己，即使对手有许多强项，自己的球队只有一个目标，就是把球投进篮里。球队是怎样做到的，自己起了什么作用，这些都不要紧。

姚明还从金庸的一本武侠小说《笑傲江湖》中学到了不少东西。姚明很喜欢书中英雄的处世方式。书中的英雄行事非常有原则，知道自己在什么情况下该做什么，不该做什么。但他不是不苟言笑，他常开玩笑，即便是在临死的时候也很放松。姚明也希望当自己身处困境时，也能像书中的英雄那样放松。

姚明还将这本书中讲到的不同门派之间的过招运用到了篮球运动中。打斗时，如果一方想击另一方的脸，开始时会握紧拳头，在另一方的面前高高举起。但是，如果什么动作都不做，对方就猜不出自己要打击的部位了。正如不同门派之间的打斗，在篮球运动中，准备进攻和防守前可以有许多不同站位。但姚明在出击的时候不先出手，要让对手猜自己将会做什么。姚明认为，对手如何反应会向自己透露一些关于对手的信息，对手一定会显示自己的强项，然后姚明就能据此设法回应。姚明学会了用自己感觉舒服的方式打球，或者用比对手感觉舒服的方式打球。

学以致用不仅是姚明的做法，许多成功人士也都是学以致用的模范。

提起华人首富李嘉诚，几乎没有人不知道。有人说李嘉诚的成功在于幸运，在于机遇。但机遇是偏爱有头脑、有准备的人的。曾有一个商人问李嘉诚：“李先生，您成功是靠什么呢？”李嘉诚非常肯定地回答说：“靠学习、不断地学习，并把所学的东西充分地运用到实践中。”

李嘉诚小时候非常喜欢读书，他什么书都喜欢读。后来，他来到了香港，做推销工作，他没有忘掉学习，他一面赚钱养家，还不忘一面博览群书。除了小说，文、史、哲、经济、科技方面的书他都爱读，因为他要了解前沿思想理论和科学技术。

后来，李嘉诚回忆起这段经历时深有体会地说：“年轻时在兴趣的驱使下，如饥似渴地汲取知识，可那时表现谦虚，心里很骄傲。为什么骄傲，因为当别人去玩的时候，我在努力地学习，他们每天都在原地踏步，而我的学问日渐增长，可以说我事业后来的成功，是因为我把所学的知识都很好地应用到工作中了。事实证明，我当时学习的冲劲对以后的事业发展有极大的帮助。”

正是由于李嘉诚刻苦勤奋地学习、永不停步地学习，并学以致用，才使他获得了成功。

可见，学以致用是一种走向成功的能力，是一种使自己更轻松前进的智慧。而不善于学习、不善于把知识变成能力的人就会像无头苍蝇四处乱撞，就会华而不实，很难获得真正的提高。这样的人，终其一生难成大事。所以，我们不能只顾埋头读书，而要学以致用。

学习小妙招

多读书，读好书

我们应该多读书，读好书。获取精神食粮的同时，积累知识，并学习如何把学来的别人的知识吸收为自己的营养，并应用在生活和工作实践中去。

学以致用

学以致用需要多思考、多实践。只有多思考，才能发现所学东西的真正价值，知道怎样用才能最有效。多实践，就要多动手，多行动，总结出更好的方法，这样才能起到事半功倍的效果，从而更快地提高自己，获得最终的成功。

要善于调动自己的知识和经验积累，善于向别人学习，把所学到的知识消化后为自己所用，使新的知识转化为自己新的能力，在不断创新中把所学用到实际中去，这才是最有效的学习。

四、有用没用全都学，脑袋容量有多大？

在知识的海洋里，有人如饥似渴、来者不拒地拿到什么书就看什么书，丝毫不考虑这是否对自己有益。当脑袋被各种有用没用的东西塞得满满当当后，在你想要在脑袋里搜寻出一些对自己有用的东西时，才发现脑子里净是些杂七杂八的东西，才发觉“书到用时方恨少”是多么的尴尬，恨不得把那些没用的统统踢出去……

《福尔摩斯探案全集》中有这样一段话：我认为人的脑子本来像一间空空的小阁楼，应该有选择地把一些家具装进去。只有傻瓜才会把他碰到的各种各样的破烂杂碎一古脑儿地装进去。这样一来，那些对他有用的知识反而被挤了出来；或者，最多不过是和许多其他的东西掺杂在一起。因此，在取用的时候也就感到困难了。所以一个会工作的人，在他选择要把一些东西装进他的那间像小阁楼似的头脑中去的时候，他确实是非常仔细小心的。除了工作中有用的工具以外，他什么也带不进去，而这些工具又样样具备，有条有理。如果认为这间小阁楼的墙壁富有弹性，可以任意伸缩，那就错了。请相信我的话，总有一天，当你增加新知识的时候，你就会把以前所熟习的东西忘了。所以最要紧的是，不要让一些无用的知识把有用的挤出去。

有一次，一个青年苦恼地对昆虫学家法布尔说："我不知疲劳地把自己的全部精力都花在我爱好的事业上，结果却收效甚微。"

法布尔赞许说："看来你是一位献身科学的有志青年。"

这位青年说："是啊！我爱科学，可我也爱文学，对音乐和美术我也感兴趣。我把时间全都用上了。"

法布尔从口袋里掏出一块放大镜说："把你的精力集中到一个焦点上试试，就像这块凸透镜一样！"

你要是做过凸透镜聚焦的实验，一定知道酷暑的阳光不足以使火柴自燃，而用凸透镜聚光于一点，即使是冬日的阳光，也能使火柴和纸张燃烧。

一个人的精力和时间是有限的，在这种情况下，如果选不对方向，做不好选择，像个没头苍蝇一样撞到哪里算哪里，学了什么算什么，几年的时间都会一晃而过。等到真正需要时，你就会觉得学的太杂太乱，恨当初没有选择一方面好好学精。要想取得突破性的进展，就该像打靶一样，迅速瞄准目标，像激光一样，把精力聚于一束。

在温家宝总理与网友探讨如何读书时，温总理说："对于读书，每个人都有自己的爱好和兴趣去选择自己喜欢看的书籍，另外，由于专业的不同，关注的范围也不同，怎么去选择性地看书，我自己的观点是能够对于自己有震撼的书，能够给自己带来重大启发而能使一辈子受益的书就是好书，就是值得学习的书。一个人走到浩瀚如海的图书馆，看到琳琅满目的各种各样的书籍，对于个人而言，一个人想把各种各样的书看完是肯定做不到的。一个人的生命是有限的，在选择看书时，如果选择了一本不利于自己的人生和专业的书，显然是耽误了去看一本有意义的书的时间。”

有选择性的学习，就是在各种知识中选择自己最需要或是最感兴趣的进行学习，这样才能使学习效率达到最高。在如今这个生活节奏越来越快的社会，只有效率高才能多学、精学。否则，采用拉大网的学习方式，只能使自己对什么都一知半解。

著名数学家华罗庚是我国第一个自学成才、没有大学毕业文凭的数学家。华罗庚读小学时的成绩并不突出，只勉强及格。他也并不是一个听话的孩子，数学作业写得像涂鸦一样歪歪扭扭，但他有个特点，什么事爱刨根问底，喜欢弄个明白。

华罗庚小学毕业后进入金坛中学读初中，他的老师王维克（我国著名教育家、翻译家）发现华罗庚虽然贪玩，但思维敏捷，数学习题往往改了又改，解题方法十分独特、别致。一次，金坛中学的老师在感叹学校“差生”多，没有“人才”时，王维克说道：“不见得吧，依我看，华罗庚同学就是一个!”“华罗庚？”一位老师笑道：“你看看他那两个像蟹爬的字吧，他能算个‘人才’吗？”王维克有些激动地说：“当然，他成为大书法家的希望很小，可他在数学上的才能你怎么能从他的字上看出来呢？”后来，华罗庚受到老师的鼓舞，开始认真学习数学。

但在他初中毕业后，因家境贫寒，不能进入高中，被迫中途辍学，回家帮父母料理杂货铺。在单调的生活中，他开始一边干活，一边自学数学。顾客来了，他就接待顾客，顾客走了，他就埋头学习。有时因把演算题目的得数当成顾客的货款而把顾客吓一跳。曾经就有一位来买棉花的妇女问棉花多少钱一包，华罗庚随口说出了他题目的得数，吓得妇女大声尖叫：“啊，棉花这么贵！”

就是凭着对数学的执着和认真钻研的精神，华罗庚终于在数学领域取得了令人瞩目的成就，并将数学知识推广应用到工农业的生产中，为我国的经济建设作出了巨大贡献。

在学习中，如果我们一股脑地把有用没用的都塞进脑子里，而忽略了自己的兴趣爱好，就像拣了芝麻丢了西瓜，最终什么都学不精。根据自己的兴趣爱好，着重学习，并努力在这一方面学有所成，便能获得成功。

学习小妙招

选择性学习

徜徉于知识的海洋中，我们求知若渴是好事，但如果什么方面的知识都实行“拿来主义”，那并不是一件好事。要根据自己的兴趣爱好，有选择性地学习，并深入细致地研究这一方面，学精学透，不能学而不精、学而不深、学而不透。

针对性学习

找到自己的兴趣点后，制定合理高效的学习计划，专注学习。在学习过程中也要做到针对不通不透的知识点着重钻研，查漏补缺，这样才能使得自己在某一方面有一定成就。

五、社会里面有真经，为何自己不留心？

也许你刚踏出校门，也许你还未走出校门，当你发现你所学到的知识无法使你很好地立足于社会时，你便开始怀疑自己，怀疑自己曾经所学的根本没用。其实，学到的东西没错，只是你不了解社会，没有留心观察。如果在生活中细心观察、学习，就能从一些细小的地方和平常的事情中获得“真经”——教你如何在社会中生存。

刚步入社会的我们对周围的一切都充满了好奇和热情，觉得自己被学校和家庭限制已久的心终于可以放松，可以放手实现自己美好的未来了，非常兴奋。可是，当我们准备大干一番时，却发现社会远不像我们想象得那么单纯、美好。复杂的社会令我们难以适应：我们可以凭借自己的专业知识把工作做得很好，却无法把复杂的人际关系处理好；我们拼命埋头苦干，到最后却不抵别人的一句吹捧，领导似乎更青睐那些嘴上功夫好的人；我们对工作的执著和热情劲儿却成了别人的眼中钉、肉中刺。

我们被这类匪夷所思的事情彻底打败了，我们纠结了，不知道该如何去适应这个社会了，觉得自己在别人眼中就是个十足的书呆子，感觉自己的一举一动都那么地幼稚可笑。当初在学校和家庭里所听到、所学到的道德规范和礼仪规则几乎都被颠覆了，在这里全都行不通，反而一些不登大雅之堂的潜规则却成了这里的“通行证”。

这时，我们该换一种思路了，为什么不把所有的变数都当成是社会赐予我们的财富呢？因为世间冷暖本来就是在自家和学校学习不到的。既然社会早早地就把这些展示给我们，我们就该趁着年轻琢磨出一套适合自己的生存之道。

李艳是一个快人快语的女孩儿，在公司说话总是大大咧咧、口无遮拦。虽然来公司才两个月，但公司里的人都知道有这么一个不知天高地厚的丫头。

她所在的公司是个大型的设计公司，当初老板招聘她的时候就曾和蔼可亲地对她说过：“我们公司看重的是人才，以后只要你在工作上有什么意见尽管提，只要是为了公司好，我都会欣然接受。”得到这样的“赦免令”，李艳觉得自己遇到了一位开明的领导，不由觉得自己很幸运。

一天，老板开会时对大家提了很多工作要求，李艳觉得老板说的有些要求过于严格，会给员工造成过大的压力，会束缚大家的灵感。于是，她在老板询问大家有什么意见和看法时想起了当初老板招聘她时说过的话，突然站起来把自己的意见统统说了出来。她的这一举动让在座的同事都看呆了，再听听她那些反驳老板的话，大家都暗暗想：“这下完了，有这丫头好看的。”

老板在听了她的意见后，虽然当场说会考虑考虑的。然而会议刚结束，李艳就被老板叫去。老板把李艳狠狠地批评了一顿，说她意见太幼稚、没规矩，说她的行为太不成熟。

李艳心里委屈极了，当初明明是老板亲口说的话，怎么到具体事情上他就反悔了呢？李艳终于知道原来社会并不像她想象的那么简单。

警钟已经敲响，作为一个刚步入社会的人，我们在社会教育这方面缺课太多了，才会出现李艳之类的遭遇。好在一切都来得及，如果我们从现在开始，多留心观察，多学学世间冷暖，我们就会变被动为主动，在社会的洪流中站稳脚跟。

小路是一个风风火火、心直口快的人。别人衣服不好看，她就直接说丑死了。电影看不上眼，她就大骂垃圾。好在身边的同学、亲人都习惯了她的性格，没跟她过多地计较。

当小路毕业参加工作后，单位里年长的同事居多，小路这样没遮没拦、长幼不分，无形中得罪了好多同事。

有一次，张姐的婆婆去世了。大家正在谈论这件事的时候，小路说："死了婆婆多好啊！又不是自己的亲妈，省得以后婆媳闹矛盾。"大家虽然不是当事人，听着也觉得刺耳。这话很快传到了张姐耳朵里，把张姐气得直发抖。此后，她见到小路就像见到陌生人似的，再也没理过她。

还有一次，王主任买了一件黑色的连衣裙。大家都说王主任穿上这裙子能显出优雅的气质，小路偏偏上来就说："王主任，你穿这种颜色的衣服显得老气，还不如穿大红大绿的，既年轻又漂亮。"小路是年轻人，穿衣服一向都是鲜艳的。可王主任都快四十了，怎么可能按小路的审美观点去穿着。况且，王主任穿衣一向简约、朴素。所以，王主任听了这话心里很不高兴，但作为领导，也不好当面说什么。但这之后，大家一块聚餐的时候就不再叫小路了。

然而，当小路察觉到大家对她的冷落之后，还认识不到自己的错误，总认为是别人容不下她。在和老同学聊天时，老同学终于忍受不了她这样口无遮拦，冲她说："你怎么不从自己身上找原因，你就是这样得罪了别人还不自知，说话就图自己高兴痛快。你也得想想，如果别人对你说那么难听的话，你会有什么感受？"面对老同学的质问，小路陷入了深思。

在社会上闯荡，要的不只是你的专业知识，更多的是为人处世的能力。其实，社会中很多事情都能教会你该如何做，只要你细心观察，就能学到为人处世之道。

刚毕业的张笑嘴很甜，是一个很会做人的人。张笑在校期间，一直在学生会里担任一定的职务。为了使自己更好地融入社会，她在进入社会前就阅读了大量的怎样与人交往方面的书籍。张笑也有着很扎实的专业功底，毕业后就迅速进入一家外贸公司。做外贸工作需要有很强的人际交往能力，张笑以前在学校里做的那些准备工作正好派上了用场。

张笑通常都会很主动地去结识别人，大方的态度给人留下深刻的印象，很多时候都成功地拿到了对方的名片。当然，这个算不了什么，更重要的是也把自己的名片给送出去。这对于一个初入社会的年轻人来说是很重要的。张笑的业务能力在短短的时间内就赶上了公司的老员工，并由此获得了主管的赞扬。

社会是一个全新的舞台，我们需要学习它的规则。对于一个新人来说，要好好地学习这些基本的规则，才能不断地适应这个社会。像张笑这样早早了解社会、适应社会，就会更快地取得成功。

作为一个刚刚踏入社会的年轻人，要主动去结交别人，更多地学习别人的经验，更好地融入社会。要知道，学习别人的长处可以减少自己走弯路的概率。主动热情是自己积极进入社会的态度，而良好的态度也是一个成功的开端。

刚进公司，李峰发现同事小宇特别不通情理，借了别人东西不知道归还，听了别人的夸奖也不知道回谢，不小心碰翻了别人的东西也从不道歉，办公室里的人都非常不喜欢小宇。

刚开始，李峰以为小宇也和自己一样是个新人。后来才知道，小宇是个老员工了。因为他不太礼貌、不通情理的处世态度，至今仍旧是原地踏步，没有丝毫升职的迹象。

像小宇这样不懂观察，不懂变通，永远无法取得处世真经，也将永远原地踏步。

诚然，社会是一个大染缸，它能把人染黑，但也可以让人感知到生活的丰富多彩。我们为了让自己生存下来，为了让自己生活得更好，就要学会冷眼看世界，用一双慧眼把这个世界看得清清楚楚、明明白白。只有这样，才不枉世间冷暖对我们的锤炼。

学习小妙招

学会低调行事

因为年轻，我们喜欢展示自己，甚至有时候为了显露自己的才华，还会高调地去卖弄自己。我们这样过分地显露自己，是很危险的事情，因为我们的行为很有可能招来非议和祸患。我们都知道“枪打出头鸟”这句话，如果太招摇过市、出风头的话，别人就会拿我们开刀。所以，我们要学会低调行事，把自己隐没在人流之中，这样我们就不会成为靶子。

学会察言观色

俗话说：好汉不吃眼前亏。为了做到这一点，我们就要学会察言观色。不要在别人已经对我们很有看法时还去和对方较劲，也不要在别人不开心时去向别人发表我们的看法。我们要多观察别人的一举一动，看看别人的行事方式，从中领悟出一些生存之道。

第五章 人际纠结篇：试探交际的底线——是知心朋友还是逐利工具？

不管你承认不承认，人都是一个离不开群体的动物，我们每天要遇见各种各样的人，处理各种各样的事情，这时候你能不能搞定身边的人，直接关系到你今后能否成功、未来前程是否光明。这个念头，遇上好人是幸运的，因为他可以帮助你靠近理想，但得罪了不该得罪的人是倒霉的，因为他很可能把你带进爬不上来的陷阱中。人们常说出门靠朋友，可是如今什么才称得上是朋友？彼此之间存在的是真实的友谊，还是一种相互利用的关系？在这样现实的社会里，每个人心中都开始为此而纠结，不知道友善和逐利之间该如何取舍与选择……

一、帮助朋友尽心力，别人为何不领情？

随着生活节奏的加快、社会的浮躁和功利，人与人之间有着太多分不清的是非真伪。你把他当朋友，在他遇到困难的时候帮助了他，然而他却丝毫不领情。这使你感到无比郁闷，想不通为什么会这样，问题究竟出在哪儿？

明威和复兴是大学的舍友，两个人关系不错。明威这个人平时不爱说话，有什么事也不愿意和大家交流。大学几年，他只有在给家里打电话的时候说话最多。复兴则和他相反，性格比较开朗，也比较合群。毕业后，两人进了同一家企业。到公司不久，复兴便很快融入了这个团体，而明威则依旧偏执，不信任任何人，觉得只要自己踏踏实实地做好工作，就一定能得到领导的赏识。复兴平时爱说爱笑，协调能力又强，很快结交了不少朋友。每当他工作上遇上什么问题，老员工都会很高兴地指导他，遇上问题总是迎刃而解。复兴觉得明威这样不合群非常不利于开展工作，有机会就会劝他多和大家来往、交流，有时候大家一起聚餐、K歌的时候，复兴也会邀请明威参加，可明威总是拒绝复兴的好意，继续不合群，还觉得复兴多管闲事、不可理喻。

后来，不到半年，复兴已经升任了主管，明威则成了他的手下。昔日的同学、朋友变成了自己的领导，明威很不服气，觉得自己的工作能力丝毫不比复兴差，于是，他工作更加勤奋，以此证明自己的能力，但仍然不与外人沟通，总是单枪匹马，和复兴的关系除了上下级之间的工作交流，平时也不再交流，最终两人越来越疏远。

像明威这样偏执、孤僻的人，把朋友好心的劝慰当耳旁风，自己终究落得个孤家寡人的结果。而复兴本是出于朋友的好意，却不被明威领情。可见，我们在交朋友的时候，要有选择性，所谓“道不同不相为谋”，选择朋友时，要选和自己兴趣、志向相同的人，这样才好交流，也好互相帮助、共同进步。

生活中处处都有看不见的硝烟，社会是一个充满竞争的大舞台。刚离开校园的年轻人对这个光怪陆离的社会充满了好奇，都渴望在这个舞台上大显身手，实现自己多年的梦想。而我们在面对这个复杂多变的社会时，要学的东西有很多。牵扯到利益的时候，原本的朋友关系也变得很微妙。处理不得当的话，利益有损不说，还会和朋友闹僵。

杨凯毕业后想自己创业，于是和一个朋友合开了一家服装店。后来，因为朋友得到出国的机会，就完全把店里的事情交给了杨凯。杨凯做得很细致，也很努力，生意马马虎虎，还过得去。

杨凯的老朋友刘祺也是做服装生意的，他找到杨凯，说两个人可以合作，一起扩大生意，杨凯觉得终于遇到了“情投意合”的伙伴，加上本就是朋友，高兴地答应下来。可是当两个人真正开始合作以后，杨凯才发现事情原来没有那么简单。

杨凯和刘祺在生意方面的意见都不统一，不论从进货渠道还是经营对象，都无法达成一致。渐渐地，矛盾和摩擦不断加剧，两个人也逐渐开始疏远。因为一个进货的意见不同，两个老朋友彻底闹翻了，刘祺一气之下退出了合作圈，而且开始经营和杨凯一样的服装，两个人成了水火不容的竞争对手。

对于刘祺来说，生意不但没有做大，还失去了一个很好的朋友。

作为一个初入社会的年轻人，很多事情都不是我们想的那么简单。朋友多了路好走，人多力量大，合作共赢，这些道理都正确，但怎样才能让这些好的方法发挥出应有的作用，就不是说说道理那么简单了。

朋友与合作伙伴是两种概念。如果能把二者合二为一，当然求之不得。但如果条件不够充分和必要，就不能生拉硬扯，以免合作的事成不了，连朋友间的情谊也要搭进去。

四年前，小叶进入一家公司做小职员，后来，认识了同办公室的小敏，小敏的父亲是这家公司的一位领导，依靠小敏父亲的影响力，小叶的职位和薪水很快得到了很大地提升。

前段时间，小敏的工作出了很大的问题。因为小叶早已和小敏不在同一个部门，小敏的父亲也去世一年多了，便一直没有主动联系过小敏。这时候小敏才觉得小叶一直都是在利用自己，非常气愤。

慢慢地，在单位关于小叶的风言风语便多了起来，什么忘恩负义啦，什么白眼狼呀。小叶当年是怎样晋升职务的事情都被翻了出来，成为同事口中的八卦素材。

渐渐地，周围的同事慢慢地都对小叶越来越客气，也越来越敬而远之。小敏也对小叶非常冷淡。最后，小叶被大家孤立了，大家都不愿意在她的身上投入时间和精力，害怕有一天会步小敏的后尘。

如果你也得到过朋友的帮助，欠了人情债，请不要忘记尽力去回报别人，不要让那些曾经帮助过我们的朋友失望。哪怕只能尽到绵薄之力，也要努力地去回报，去帮助那些曾经帮助过我们的人。这是一种态度的问题，而不仅仅是一个人情的问题。只有采取这样积极的态度，才会真正赢得别人的友谊和尊重。

而很多时候，当别人面对困难，你想要提供帮助时，也要看清楚对象。要看清楚他平时的为人和表现，看看周围人对他的评价。一个拥有良好口碑的人，行事原则自然也差不到哪里去。

鱼姐这段时间一直觉得很不开心，每次看见江路的时候，情绪就更加低沉。要说这事也有点怨鱼姐自己，因为在单位，江路的名声一向不怎么好，是一个典型的只占得便宜而吃不得亏的人，而且特别爱斤斤计较。周围人都不屑与她交往，因为没有人愿意和一个小气的人做朋友。

上个月，江路的母亲因为生病住院，要花不少的钱。江路便开始向同事借钱，同事们鉴于她平时的为人都不愿意借给她。这使得江路开始向典型的老好人鱼姐借钱。周围人都警告鱼姐，江路是个非常自私的人。即使你帮了她，她也不会感谢你，更不要说以后会帮你了。但是，鱼姐觉得江路的母亲病了确实需要钱，这是一件应该给予帮助的事。所以，鱼姐不顾大家的劝阻，就把钱借给了江路。

事情过后不久，鱼姐就开始后悔了，因为江路对她的态度仍旧像以前一样，依旧是一件小事计较半天，也没有见江路对她有一丝感激或者是有任何回报的迹象，而且每次还是会占鱼姐的小便宜。这让鱼姐非常郁闷，心想，江路怎么会没有一点感激之情呢?

想要帮助别人是好事，但有时候做好事却得不到好的回报，这是因为对方不是一个懂得知恩图报的人。所以，在复杂的职场中要睁大双眼，认清每个人的真面目，这样才能避免自己的好心付诸东流。

当面对别人向你求助，而你又不情愿做的时候，应该懂得如何拒绝。俗话说：事可以做绝，但话不可以说绝。凡事都要给人留有后路和台阶。如果拒绝别人的方式不合适，就会导致别人的记恨，甚至有可能会招来别人的怨言和诽谤。

铭铭一直是一个很自我的女孩，她的生活完全就是跟着自己的感觉走，喜欢就去做，不喜欢就走人。但是，铭铭的人际关系非常好，有许多很要好的姐妹。一个很自我的人能够拥有这么好的人缘和人脉网络，一定有她的诀窍。其实，铭铭虽然很自我，但在处理事情的时候绝对是很沉稳，而且很有分寸的，任何过头的话一句也不会说。

上个月铭铭要去欧洲出差，周围就有同事拜托铭铭从当地的免税店买一些东西回来。铭铭是很不情愿的，因为出差时间不长，而且自己也有很多事情要忙。到了欧洲，铭铭给同事传来一封邮件，说她要的免税商品现在不能带出境了，这段时间各方面的管理都比以前严多了。在信中，铭铭不止一次地表达出自己的歉意，并恳请同事原谅。同事收到铭铭这么诚恳的邮件，就很高兴地说那算了，以后有机会再说吧。等到铭铭从欧洲回来后，这位同事还拉了铭铭一起吃饭，她们仍旧是很好的姐妹。

当遇到别人求助而自己无法提供帮助的事情时，如果你处理得很委婉，不仅不会失去同事、朋友，还会赢得他们的尊重和喜爱。

在人与人的交往中，要坚持自己的原则，清楚什么事情可以做，什么事情不能做，清楚什么朋友可以帮，什么朋友不能帮。否则，自己郁闷又纠结，还丢了朋友、失了利益，便是得不偿失。

交友小妙招

人在社会，朋友是不可缺少的，而我们应该交哪些朋友呢？下面八种朋友是每个人必不可少的。

成就你的朋友

他们会不断激励你，让你看到自己的优点。

这类朋友也可称之为导师型。他们不一定是你的师长，但他们一定会在某些领域具有丰富的经验，能经常在事业、家庭、人际交往等各方面给你提供许多建议。人生中拥有这种朋友会成为你最大的心理支柱，也常常会成为能够“左右”你的“偶像”。

支持你的朋友

一直维护你，并在别人面前称赞你。

这类朋友可谓是“你帮我，我帮你”，相互打气，使得彼此成为对方成长的垫脚石。在一个人的成长过程中，朋友的支持与鼓励是最珍贵的。当你遇到挫折时，这类朋友往往可以帮你分担一部分的心理压力，他们的信任也恰恰是你的“强心剂”。

志同道合的朋友

和你兴趣相近，也是你最有可能与之相处的人。

与他们在一起，会让你有心灵感应，俗称“默契”。你会因为想的事、说的话都与他们相近，经常有被触摸心灵的感觉。和他们交往会帮助你不断地进行自我认同，你的兴趣、人生目标或是喜好，都可以与他们分享。这种稳固的感受“共享”会让你获得心理上的安全感，因为有他们，你更容易实现理想，并可以快乐地成长。

牵线搭桥的朋友

认识你之后，很快把你介绍给志同道合者认识。

这类朋友是“帮助型”的朋友。在你得意的时候，他们的身影可能并不多见；在你失意的时候，他们却会及时地出现在你面前。他们始终愿意给予你最现实的支持，让你看到希望和机会，帮助你不断地得到积极的心理暗示。

给你打气的朋友

好玩、能让你放松的朋友。

有些朋友，当你有了心事，有了苦恼时，第一个想要倾诉的对象就是他们。这样的朋友会是很好的倾听者，让你放松，在他们面前，你没有任何心理压力，总能让你发泄出自己的“郁闷”，让你重获平衡的心态。

开阔眼界的朋友

能让你接触新观点、新机会。

这类朋友对于人生也是必不可少。他们可谓是你的“大百科全书”。这类朋友的知识广、视野宽、人脉多，会帮助你获得许多不同的心理感受，使你成为站得高、看得远的人。

给你引路的朋友

善于帮你理清思路，需要指导和建议时可以去找他们。

这类朋友是“指路灯”。每个人都有困难和需要，一旦靠自己力量难以化解时，这类朋友总能最及时、最认真地考虑你的问题，给你最适当的建议。在你面对选择而焦虑、困惑时，不妨找他们聊一聊，或许能帮助你更好地理顺情绪，了解自己，明确方向。

陪伴你的朋友

有了消息，不论是好是坏，总是第一个告诉他们。他们一直和你在一起。

这种朋友的心胸像大海、高山一样宽广，不管何时找他们，他们都会热情相待，并且始终如一地支持你。他们是能让你感到满足和平静的朋友，有时并不需要他们太多的语言，只是默默地陪着你，就能抚平你的心情。

二、需要你时来讨好，不需要怎脸变了？

生活中会有这样一些朋友，平时连个影子都见不到，可一旦他有求于你，就开始主动热情地和你联络，一旦当你帮完他的忙，他们就对你很冷淡，甚至会消失。这个时候，你才现自己就像个傻子一样，被人利用了还兴高采烈的。你纠结了，怎么需要的时候变朋友，不需要的时候就像陌生人？

朋友是什么？朋友是有事没事常联系，有困难也会在你身边陪伴你的那个人，然而我们经常会遇到一些所谓的“朋友”，平时一个电话、一个短信都没有，突然出现在你面前，和你称兄道弟、谈过往的朋友之情，临了才说自己遇到什么难处，需要你的帮助。对于这些来也匆匆、去也匆匆的不速之客，我们是反感的，甚至在心里带有很强烈的抵触情绪。对我们来说，这些人的到访太突然了，太功利了。

一天的劳累之后，建军回到家就看到家里来了王猛这个不速之客。这让他心中多少有些不快，甚至有些吃惊。这个家伙从他的生活中已经消失了将近两年的时间。虽然说以前关系是不错的，但俗话说得好：三年不上门，是亲也不亲。人与人之间的关系是越处越好的，都这么久没联系了，再见面已经很生疏了。

留下王猛吃完饭之后，王猛才道出来的目的，因为自己的儿子要升初中了，希望建军能够帮忙找人选一个好一点的学校，最好能进市重点中学。

王猛知道建军在教育界有很多熟人，这一点小事不是什么难题。但建军的心里是老大的不情愿，因为他觉得自己只是被利用，他们之间已经没有什么情分了。再说，以前也不欠他的，现在看他这个样子，即使欠了自己的，也是不会还的。建军便笑着说："你都不知道这两年我和教育界已经没有联系了，现在再贸然地找人家，也不知道人家会怎么想。很多时候，你是拿着钱，都不知道该给谁去送这份人情。"

建军的态度就是在委婉地拒绝，王猛也听出了他的话外之音。见他态度如此，他也就不好意思再继续说下去，于是就告辞了。

建军送走王猛之后，就在妻子面前抱怨道，平时连个影子都见不到，看见我有用了，立马跑过来。我最恨这样的人了，最不想和这样的人做朋友了。

生活中，我们总会遇到这样的"朋友"，不帮吧，好歹存在一点友谊之情；帮吧，明知道他在利用你，好像自己就是冤大头。

既然我们都很不喜欢这类朋友，那我们也要小心，避免自己成为这样的人。在平时的工作、生活中，必要的人情工作还是需要做的。有事没事，常给朋友发发短信、打个电话，偶尔聚聚，这才能使朋友之情不断加深。主动热情地对待别人，正是在为自己的友谊铺路。

丽丽是一个人见人爱的活泼女孩，有很多朋友。在家里，她有时候是一个懒洋洋的小姑娘，坐在阳台上晒太阳；有时候又是一个勤快而麻利的姑娘。

丽丽在一家外企上班，工作很辛苦，下了班喜欢和一群朋友吃吃饭，逛逛街，练练瑜伽。她在公司的人缘很好，但不是那种滥好人的好，而是人人都很宝贝她，又很喜欢她的那种好人缘。当然，丽丽的职位升得也很快。

别人问丽丽是怎么获得这么好的人缘的，怎么她既不得罪人，遇到事情时又总有人帮忙。她笑着回答说："其实很简单，就是广结善缘。平时多和朋友们联系，逛街、吃饭、唱歌都是联络感情的方式。在朋友遇到难处的时候，要伸出援助之手，而不是躲得远远的，更不要过度打探朋友的隐私。在办公室里做好分内的事，不要越俎代庖。"

像丽丽这样，重视人际交往，广结善缘，才能在遇到困难的时候得到朋友的帮助。不论是你贫穷还是富贵，不论是你得意还是失意时，都要注重朋友。

因为家境很好，周天一直是一帆风顺的。在他的记忆里，似乎不明白什么是困难。

周天经营着一家由父亲传下来的酒店，平时也没有什么特别的爱好，生活上的安逸导致周天的交际圈非常窄。不但如此，很多时候他也不屑于和别人交往。当看到那些不如自己的人时，周天打心眼里看不起。

后来，周天迷上了炒股。因为初入股市，再加上正好赶上全球的金融危机，周天的所有投资都打了水漂。这个时候的周天已经失去了理智，把父亲辛辛苦苦创立的家业也给弄没了。面对这样的遭遇，他却得不到一个人的同情，真正成了一个孤家寡人。

有的人得意之时，不觉得生活有什么不对。一旦他的生活跌入低谷，他才看清生活的本来面目。这个时候，别说有人来安慰他了，连同情的人也没有，只能自己一个人去独自承受生活的酸甜苦辣。这个时候，他才觉出了友谊的重要性。当他也开始穿起普通的职业装挤公车、找工作的时候，他才明白以前的自己太过于骄傲了，太不把人放在眼里了。

俗话说：多个朋友多条路，多个冤家多堵墙。我们完会没有必要在自己的生活中给自己多添一些敌人。我们需要的是更多的朋友，这些朋友能够在我们的事业上助我们一臂之力，使我们迅速走向成功。

卫华和李杰是铁哥们，连婚礼都是在同一天举办的。说起两个人的相识，可以说有点不打不相识的意味。

两年以前，卫华和李杰就职于同一家公司，做着性质相同的工作。他们的待遇与他们能够争取到的客户挂钩，公司内部都有着很激烈的竞争关系。在当时，卫华的最大竞争对手就是李杰。两个人为了竞争同一个客户，还发生过激烈的摩擦。

有一次，卫华不小心得罪了客户。其实，这也不完全是卫华的过错，是客户弄错了数据信息，但客户还是投诉了卫华。主管接到客户的投诉之后并没有弄明白事情的是非曲直，但为了维护公司的形象，就大声地训斥了卫华。一个大男人在大庭广众之下被人呵斥，卫华的自尊心受到了严重的伤害。

这时，李杰正好要去递交材料，看到这样的情况后，立即上前帮着卫华澄清事实，挽回卫华的面子，也给了卫华一个台阶下。

自从这件事情之后，卫华和李杰就成了最好的哥们，什么事情都是互帮互助，友谊也变得越来越牢固。后来，两个人有了一些积蓄，便一起辞职，共同去创业，合伙开了一家小公司，关系也越来越密切。

从卫华和李杰的身上，我们可以看到，在危难时刻伸出援手的对手将是你最铁的朋友。因为在危难时刻方能显示出一个人的素质和涵养，他没有落井下石，他就是你可以信赖的人。患难时刻见真情，和一个这样的对手做朋友，你的一生都会有享用不尽的财富。

阮成是一家房屋中介公司的老板，随着房价的高涨，年纪轻轻的他也变得财大气粗，身边自然朋友如云。阮成自己也觉得很威风，天天带着朋友一起喝酒吃饭，而朋友们也想着办法来哄他开心。这段时间里，阮成觉得朋友们也都够义气，因此谁有事请他帮忙，他总是二话不说，立刻点头答应，帮朋友解决问题甚至比处理自己的事情还积极。

不过，好景不长，随着国家对房地产市场的调控力度进一步加大，阮成公司的业务也降到了冰点，一连几个月卖不出一套房子。由于盲目扩大了好几家分店，还得养活几十个业务员，公司渐渐陷入破产边缘。

刚开始，阮成的朋友们也来安慰和支持他，不过随着公司的亏损逐渐加重，许多原来称兄道弟的朋友开始有意地疏远他。为了挺过房地产市场的寒冬，阮成四处筹钱，可是原来的好朋友纷纷弃他而去，故意躲着不见，要么就说是无能为力，就连一些亲人对他也唯恐避之不及，而他们在阮成得势时，都争先地向他靠拢。现在阮成落魄不堪，他们也都迅速转变态度，把阮成当成瘟神一样看待。

正当阮成沮丧不已的时候，其中一个并不经常联系的朋友向他伸出了援手，这位朋友自己虽然没有多少钱，不过他认识一些金融界的朋友。为了帮助阮成脱困，他积极奔走，替他筹资借款，很快就把公司所需的运营资金填补上了。阮成的公司渐渐恢复正常，这时候，阮成才明白谁才是自己真正的朋友。

正所谓“岁寒知松柏，患难见真情”。朋友有难时自然应该挺身而出，努力上前帮忙，把朋友的事当成自己的事，把朋友的困难当成自己的困难。

交友小妙招

患难见真情，尽力帮朋友

当一个人身处逆境时，往往是他最脆弱的时候，此时他需要得到亲人朋友的帮助，更需要的是一种情感上的支持。作为朋友，你一定要积极主动地帮忙，成不成功是另外一回事，帮多帮少并不重要，即便只是杯水车薪，只要心意到了，相信朋友也一定会牢记你的好意。

逆境之中才是友谊发挥最大作用的时候，才是考验真情的时刻，如果你害怕自己也被卷入到困境之中而自私地选择袖手旁观，那么，你也不会赢得别人的尊重，尤其是朋友的尊重，一旦你自己陷入困境中，你的朋友也可能会置之不理，安然地置身事外。

得意失意都要广结善缘

非淡泊无以明志，非宁静无以致远。人在得意之时，仍旧要保持一颗平常心。要努力地搞好人际关系，不要让别人觉得你一旦成功了就不再容得下别人。如果你能够对别人热情主动，给人留下谦虚的印象，就会使你赢得更加广泛的人脉关系。

如果有一天，你遭遇了人生的低谷，你就会发现得意时的广结善缘对自己是何等重要。当你遇到困难的时候，大家才会对你寄予更多的同情和帮助。人生可以失意，但不可以失去自己的人脉关系，因为这是你东山再起的资本。

三、你的朋友他认识，他的人脉怎保密?

当你满怀激情地投入工作，终于拼出了小小的成绩时，周围开始出现对你很好、很照顾你的人。于是你感激涕零，视对方如知己，并掏心掏肺地对他好，甚至介绍自己的朋友和客户给他认识，却发现他从来不会跟你说真心话，从来不会介绍他的朋友、客户给你认识。你才大呼“上当”，原来自己只是被对方利用的工具而已。

进入职场，很多年轻人都会产生这样的疑问，为什么对自己好的人越来越少？好像真的是越长大越孤单。在校园里，我们有着相对单纯的人际关系，那是因为你和周围人的利益冲突很少，周围人对你好仅仅是因为喜欢你这个人、欣赏你，乐意和你做朋友。一旦踏入社会，形势就会发生巨大改变。社会是一个竞赛场，所有人都在参与的生存竞赛场，你遇到的每一个人都可能和你有利益冲突。在利益面前，人们变得虚伪，变得狡诈。

志刚和大林同在深圳一家公司做业务员，两个人一同进的公司，所以来往比较密切。志刚本是深圳人，所以在这里朋友圈子大，人脉比较广，渐渐地，业务越做越好。大林来自外地，人生地不熟，业务开展得自然比不得志刚。志刚觉得应该多介绍给大林一些朋友，也好利于他工作的开展，于是，他经常带大林去参加朋友的聚会，甚至有时候会把他的大客户介绍给大林。

一次，志刚参加家庭聚会，在饭店看到大林和一个生意人模样的人一起吃饭，第二天问他，大林只说是一个普通朋友，很久没见了，一起吃个饭。

然而过了一阵子，大林签下了一个很大一笔业务，志刚才恍然大悟，原来那天大林是在请客户吃饭呢。志刚非常郁闷，自己把朋友和客户介绍给大林，大林却保密自己的人脉圈子。从那以后，志刚再也不和大林那么热络了，更不会邀请大林参加自己的朋友聚会。

人在社会上闯荡，需要的不仅仅只有勇气，还需要有一种智慧，即与人相处的智慧、洞察一切的智慧。有了这些，才可以看清楚这个社会的真实模样。有了智慧，才能认清楚周围人的真正面目。

当然，如果每个人都能抱着“独乐乐不如众乐乐”的心态，和身边的人分享自己的朋友圈子，那每个人的人脉圈子会不断扩大、扩大、再扩大，就会使得每个朋友都有所收获。

初入职场的春华与众多的大学毕业生一样，刚出校门朋友比较少，人脉圈子无非还是以同学为中心。

有一次，她看见同事向云正在做一个方案，而自己也是负责人中的一个，于是，她总是寻找各种各样的机会，用虚心学习的心态去问向云。本来向云在公司工作过几年了，有很优厚的工作经验和人际关系，见到春华向她虚心求教，于是也认真地讲解，不久她就和春华成了工作中的好拍档。

慢慢地，工作时间一长，她通过向云也认识了不少其他部门的同事，也有了自己的小圈子，这些都对春华的职场生涯有很大的辅助作用。不久，她因为业绩成功而被老板提拔到助手的位置。而她也把自己的朋友介绍给向云，向云从她们这些年轻人身上也获得了朝气和快乐。

其实，每个人的人际关系网都不一样，朋友身边的朋友也有可能成为你的朋友。这就如同数学的乘方，以这样的方式来建立人脉，速度是惊人的。

你的朋友有可能是职场上的，也可能是生活中的，而他们的朋友可能哪个方面都有。比如在职场上，你可能只认识几个媒体方面的朋友，但他们的朋友可能有调查、咨询和IT行业圈子的朋友，这种朋友往往是对你以后有用处的。在生活中的朋友也是这个道理。

所以，在你认识了一个朋友之后，你要想办法让他把你介绍到他的朋友圈子里去，当然，你必须首先取得这位朋友的信任。我们知道，在人际交往中，朋友的介绍相当于信用担保，朋友要把你介绍给其他人，就意味着他在为你做担保。

基于这一点，你首先得取得你朋友的信任，也得为朋友的担保负责，如果你做到了，那么，你可以请你的朋友多介绍他的朋友给你认识。如果你的这位朋友说："后天我们有个聚餐，你来参加吧。"你到了那个聚会，就会发现他的朋友圈子里面可能什么人都有，说不定其中就有你用得着的人。

当然，要认识一些带圈的朋友，你也要给别人一些圈子。要知道，我们所拥有的人脉关系如同做生意，也是一种社会交换。毕竟你希望别人怎样对你，你就以怎样的方式对别人。

交友小妙招

主动和成功者联系

很多时候，对于人际交往，我们通常都不大主动。其实，只有我们主动学会如何去打理自己的人脉圈，才能够为自己争得属于自己的东西。千万不要学做“守株待兔”的牧羊人，那样只会让你耗损更多的时间，而且让别人觉得你不思进取。如果你永远都跨不出前进的步伐，就只能仰望成功者的辉煌。主动上前一步，也许真的会有意想不到的结果。

如果我们主动和成功者联系，他们也会把他们的思想和观念、目标都统统灌输给我们，我们可以从中得到很大的好处。主动与成功者联系是一种智者的表现。大凡成功的人总是会怀有一颗主动、积极之心的，因为他们知道自己如果想要攀登到顶峰，就必须借助过来人的经验。所以，他们总是会主动与那些有着丰富经验、老道的人交往，以从他们身上学到更多的东西。

多交能帮你上进的朋友

要与伟大的朋友缔结友情，跟第一次就想赚百万美元一样，是相当困难的事。这原因并非在于伟人们的出类拔萃，而在于你自己容易忐忑不安。其实，事实并不像通常所想象的那么困难，你完全可以无所顾虑地和地位较高的人亲近。我们出生的环境是自己无法选择的，但是我们可以选择改造我们的生活环境，可以选择我们的人脉关系，选择结交比我们更优秀的人，以此来帮助自己做事成功。

四、打你旗号去逐利，为何事后不言语？

生活中，我们常常会遇到这样一些人，他们在人前与你亲密无间，你侬我侬，好似能够为你付出一切，但在背后，常常是他们将你作为他们利用的工具，经常打着你的旗号去为自己赢得私利，然而再次见面时却从不告知。当你得知这一切，才知道这个和你称兄道弟的朋友竟然只是在利用你。

小楼原在一家较小的公司做业务员，随着业务水平逐渐提高，便跳槽到了一家比较大的公司。到公司后发现他的业务主管李建和他是校友，而且还是老乡，便在一次公司集会中主动找到李建攀起老乡来。俗话说：老乡见老乡，两眼泪汪汪。两人谈起老家的风土人情以及母校的话题，颇有相见恨晚的感觉。渐渐地，两人的关系越来越好，李建在工作中也是能帮小楼一把就帮一把。

同在业务部工作的同事小江近期谈了一笔较大的单子，但是对方要求的时间很短，而且很多具体细节还没谈好。小楼得知情况，找到小江，说主管李建让他帮助小江，担心对方因细节和时间问题而不和他们公司合作，要两人合作拿下单子。于是小楼和小江一起攻关，拿下了这笔不小的单子。

在公司为他们举行的庆功会上，小江找到李建主管，感谢李建派了小楼帮他，否则自己可能不会这么快拿下业务，但言外之意觉得自己付出的比小楼多很多，却要一起分红，有点不甘心。李建这才知道，原来小楼背着他耍了招“狐假虎威”，自己还以为是小江主动找的小楼。李建觉得小楼打着他的旗号去获取利益，但却在他面前只字不提，实在不够朋友。

生活中，像这样的例子很多，像这样的所谓朋友也不少，当你真正面对这样的事情，一定会感到非常难受，为什么你拿他当朋友，他利用你获利，还丝毫不告知。你会怀疑所谓的朋友情谊。

这样的事件可以算是“借光”，中国自古也有很多诡智谋略和借光相关，比如狐假虎威、借刀杀人、借鸡下蛋，等等。在我国古代也有很多类似的事件。

我国历史上，清政府的官场中历来靠后台，走后门，求人写推荐信。军机大臣左宗棠从来不给人写推荐信，他说：“一个人只要有本事，自会有人用他。”左宗棠有个知己好友的儿子，名叫黄兰阶，在福建候补知县多年也没候到实缺。他见别人都有大官写推荐信，想到父亲生前与左宗棠很要好，就跑到北京来找左宗棠。左宗棠见了故人之子，十分客气，但当黄兰阶一提出想让他写推荐信给福建总督时，登时就变了脸，几句话就将黄兰阶打发走了。

黄兰阶又气又恨，离开左相府，就闲踱到琉璃厂看书画散心。忽然，他见到一个小店老板学写左宗棠字体，十分逼真，心中一动，想出一条妙计。他让店主写柄扇子，落了款，得意洋洋地摇回福州。

这天，是参见总督的日子，黄兰阶手摇纸张扇，径直走到总督堂上，总督见了很奇怪，问："外面很热吗？都立秋了，老兄还拿扇子摇个不停。"

黄兰阶把扇子一晃："不瞒大帅说，外边天气并不太热，只是我这柄扇是我此次进京，左宗棠大人亲送的，所以舍不得放手。"

总督吃了一惊，心想：我以为这姓黄的没有后台，所以候补几年也没任命他实缺，不想他却有这么个大后台。左宗棠天天跟皇上见面，他若恨我，只消在皇上面前说个一句半句，我可就吃不住了。总督要过黄兰阶扇子仔细察看，确系左宗棠笔迹，一点不差。他将扇子还与黄兰阶，闷闷不乐地回到后堂，找到师爷商议此事，第二天就给黄兰阶挂牌任了知县。

几年的时间，黄兰阶就升到四品道台。总督有次进京，见了左宗棠，讨好地说："宗棠大人故友之子黄兰阶，如今在敝省当了道台了。"

左宗棠笑道："是嘛！那次他来找我，我就对他说只要有本事，自有识货人。'老兄就很识人才嘛！"

黄兰阶能够官拜道台，是以左宗棠为背景，让总督给他升了官。

像黄兰阶这样欺世盗名、瞒天过海、打着左宗棠的旗号得了官职并不断升官发财，便是一个有名的"借光"例子。

我们不免痛恨黄兰阶这样的人，也担心在生活中碰到这样的朋友。当然，如果这个朋友只是借助你得到了一些小利益，大可以不和他交朋友。但往往还有很多人假借朋友的名义做了违法的事情，这便给你带来了很大的困扰。比如有朋友借你的身份证办了银行卡，却用这些银行卡干些违法的事情，当警察找到你了解情况，你才大呼被朋友骗了。这样的事情在现实生活中也屡见不鲜，所以我们在交友的过程中，甚至在人际交往中，都要多个心眼，以免自己被人利用还不自知。要清楚哪些朋友可以交，哪些朋友交不得。

孔子曰："益者三友，损者三友。友直，友谅，友多闻，益矣；友便辟，友善柔，友便佞，损矣。"

"友直"指的就是正直的朋友。这类朋友性格耿直，敢讲真话、实话，特别当你有错的时候，会及时给你指出来，有这样的朋友在身边，可以时刻提醒你，不让你犯错。

"友谅"指的就是心胸宽广的朋友。这类朋友个性宽恕，能原谅人、体谅人，遇事不与人计较，凡事总替朋友着想，施恩不求回报，是真正的心智交往，友谊不会因穷达而改变。

"友多闻"指的是知识渊博的朋友。这类朋友知书达理，谙熟为人处事之道，甘于淡泊，无私奉献，与这样的人相处可以大大提高自己的道德修养，丰富自己的文化知识。

"友便辟"指的是有怪癖的人。这类人好坏不分，软硬不吃，易钻牛角尖，在交友过程中属于比较好防的人。

"友善柔"指的是个性软弱、依赖性太强、一味依循迎合于你的人。你要打牌也好，你要下棋也好，你要犯法，他虽然感觉不对，也不反对，凡事"好好好""是是是"，从不提反对意见。

"友便佞"指的是逢迎凑合的拍马屁能手。这类人完全是抱着个人企图，专门用金钱、美色来拉拢和腐蚀对自己有利的人，特别是领导干部。他们眼中没有真正的朋友，交往朋友只不过是达到个人目的的手段。

交友小妙招

谨慎交友

虽说多个朋友多条路，朋友多了路好走，但如果结实了不正直的人，那必然会给你的生活带来麻烦，所以交朋友的时候一定要谨慎。对于刚结识的朋友，一定要多加观察，不可轻易将自己的私人信息，如身份证等透漏给这些人。对于突然对你献殷勤、热络的朋友要多加小心，以免他们利用你的大意。对于莫名对你表示慷慨、侠义的朋友也要小心，以免他们图谋不轨。

净化社交圈

人作为社会的成员，相互间势必发生各种各样的交往关系。如果你手握一定的权力或身居领导地位，在社会交往中更要多加小心，否则很容易被所谓的朋友利用。要对周围的朋友进行甄别筛选，分清谁是真朋友、知心朋友，而谁是对你有所图。要升华交友的境界，时刻坚持原则，保持清醒头脑。

五、办公室里成兄弟，为何兄弟无义气？

作为标准的上班族，我们和同事相处的时间远远超过和家人相处的时间，同事间本应该互相关心、互相帮助，然而由于竞争激烈，原本称兄道弟的同事开始明争暗斗，为的只是那一己私欲。在利益面前，今日还热情如火的友情，明日就变成了萍水相逢。这险象环生的情节不免让你我如履薄冰。

何军是某公司的业务员，工作已有三年时间了，他工作认真、勤于思考、业绩良好，被公司确定为中层后备干部的候选人。

何军和同事韩林私交甚好，常在一起喝酒聊天。一个周末，他备了一些酒菜约了韩林在宿舍里共饮。俩人酒越喝越多，话越说越多。微醉的何军向韩林说了一件他对任何人也没有说过的事。

“我高中毕业后没考上大学，有一段时间闲着没事干，心情特别不好。有一次和几个哥们喝了些酒，回家时看见路边停着一辆摩托车，一见四周无人，一个朋友撬开锁，让我把车给开走了。后来，那朋友在盗窃时被逮住，送到了派出所，供出了我。结果我被判了刑。刑满后我四处找工作，处处没人要。没办法，经朋友介绍我才来到这里。不管咋说，现在咱得珍惜，得给公司好好干。”

谁知道，没过两天，公司人事部突然宣布韩林为业务部副经理，何军调出业务部另行安排工作岗位。

事后，何军才从人事部了解到是韩林从中捣的鬼。原来，在候选人名单确定后，韩林便来到总经理办公室，向总经理谈了何军曾被判刑坐牢的事。不难想象，一个曾经犯过法的人，老板怎么会重用呢？尽管你现在表现得不错，可历史上那个污点是怎么也擦洗不干净的。

知道真相后，何军又气又恨又无奈，气的是韩林竟然为了升职背叛了两人的兄弟情谊，恨的是自己没管好自己的嘴，只好无奈地面对现实。

每个人都有自己的秘密，都有一些压在心里不愿为人知的事情。如果将其过多地暴露在别人的面前，即使是自己的朋友，也难免会在利的诱惑之下做出背叛友情的事情。

职场友谊有弊也有利，是把双刃剑，靠的太近有危险，离的太远对自身也没有好处。对于职场友谊，需要看人、看事，权衡利弊，把握好中间的这个平衡点。

有个故事直接形象地描述了职场人际关系的微妙：两只刺猬，由于寒冷而拥在一起取暖。但因为各自身上都长着刺，靠得太近就会被对方扎到，离得太远又会冷得受不了。几经折腾，终于找到一个合适的距离，不会太痛，也不会太冷。职场上，处理与上司、同事之间的关系，其实就是找到这个“温暖又不至于被扎”的距离。而职场友谊的把握正是如此。

纯洁的友谊是神圣的，是付出而不求回报的。但是在职场中难免会功利化。

职场友谊是脆弱的，当工作关系下的友谊走错了方向时，你所付出的代价是你投入的情感。

孔建和张硕同在一家创意建筑设计所工作，孔建虽是张硕的上司，但因为来自同一所大学，师兄弟格外亲，总是称兄道弟，他俩联手的设计方案也被其他同事认定为天下无敌手。一次合作时，张硕出现了不小的差错，自然地受到上司孔建的严厉处罚和警告。张硕找到孔建，说："兄弟，我们这么好，何必对我要求严格？虽然在我的环节出现了错误，可你也懂行，为什么没有看出来？……出了事也该罩着我呀！"因为无法达成共识，他俩的友情再也无法挽回。

孙晓曾在一家刚成立的进口化妆品注册代理公司做合约部经理，当时部门只有她一个人，整天忙得昏天黑地。公司的老板蒋涵刚从国企离职出来创业，比孙晓大十岁，是个非常厉害的女人。孙晓非常崇拜蒋涵，觉得像她那样独立的女人很有魅力。

因为公司处在创业初期，除了孙晓，员工只有销售部的两个男孩。孙晓常和蒋涵沟通工作，不久便以姐妹相称，一块儿吃饭、逛街、看电影，像一对有多年交情的闺蜜。蒋涵在工作之外比较随和，但是工作内却比较严格，说一不二。

有一次，蒋涵要求孙晓上午赶去药监局，孙晓有事耽搁了，只能下午再过去，蒋涵便因为这事批评孙晓不负责任。孙晓本也是因为工作的事情耽搁的，心里非常委屈，却碍于蒋涵是老板而没说什么。

公司业务越做越好，蒋涵决定提高员工薪水，给销售的提成涨了0.5%，却没给孙晓加薪，虽说孙晓负责的是合约部分，但她时常要承担一部分销售工作，像后期的注册流程跟踪、客户问题解答等客服的工作，也都是她在做。结果加薪却没她的份儿，孙晓的心理非常不平衡。

孙晓气不过，直接找到蒋涵，蒋涵只说会考虑一下，孙晓直接问："那你要考虑多久？"蒋涵头也不抬，冷淡地回答："那就看你的表现了。"然后接着做手中的工作。孙晓念及和蒋涵的友情，抑制住心中的怒火，回到座位上若无其事地接着干活。

后来又发生的事直接导致两人关系破裂。由于行业出台新的标准，公司代理的几款产品的材料全都没通过药监局的审核，导致几个部门之前做的工作全部白费，销售部为了推卸责任说是孙晓没按流程进行而导致损失惨重。

蒋涵丝毫不听孙晓的解释，而是站在销售部的立场，淡淡地对孙晓说："你做了这么久，应该知道流程，新标准又不是突然出台，年初不就听到风声了吗？是你自己没注意吧。"

事已至此，孙晓失望了，终于懂得了和老板是不可能成为真正的朋友的。

并非办公室内没有纯友谊，要想在办公室内结交好朋友，必须把握好度。那么如何把握好办公室里的距离，如何把握同事间的心理距离，确实需要我们好好地学习。

1. 保持适当的距离

同事关系好，本是好事。大家来自五湖四海，为了一个共同的目标走到一起来，团结互助当然是好的，但是切记同事之间过分亲密。同事就是同事，不是朋友，你不能对同事有过高的期望值，否则容易惹麻烦，容易被误解。适当的距离能让你跟他看起来最美。

2. 异性之间：拒绝亲密

21世纪，两性的工作交流非常频繁，实在不能再以男女授受不亲的老观念来衡量。即使已婚，也不表示要和异性保持距离，两性总是要交流的，而且两性共事应该有助于工作效率的提高，所以两性间绝不能采取隔离策略，而必须找出好办法使两性相处有利而无害。拒绝亲密，保持一定的心理距离，能够让你避免陷于办公室暧昧的情境当中。

3．切勿泄露同事分享过的私密

所谓秘密，当然就带着些不可告人或不愿公诸于众的隐情，基于对好友的信任，或是为了表明自己对好友的信任，才会将私密全盘托出。如果在别人口中听到了自己的私密曝光，不用问，叛徒只有一个。被出卖的人一定懊恼曾经付出的友谊和信任。如果秘密中牵涉到第三方，更会使事情一发而不可收拾。所以，不论是善意或恶意的泄露秘密，都是办公室友情的大忌。

交友小妙招

在友情中多些理性思考，少些感性思维

很多时候，我们需要忘掉自己对一个人的主观感觉，保持理性思维，去考虑一些东西，去看清楚我们和别人之间的利益关系。在这个利益网中，应当选择正确的交往对象，为我们的事业赢得更好的人脉关系以及更多的发展机会。

要掂量好和朋友之间的利益关系

有些人做事只凭一时的感觉，得罪了人还浑然不觉，一味地凭借主观判断去做事，从而失去了一些很好的朋友。事实上，这些朋友或许能够在事业上助你一臂之力。很多时候，我们在社会上都要隐藏自己真实的情感，要真正看清楚这个人值不值得交往。

第六章 生活纠结篇：感悟生活的真谛——幸福与伤痛

生容易，活容易，可是生活不容易。当我们开始自立门户，开始每天盘算着自己柴米油盐那点事儿，开始为车险、房贷、孩子教育经费而盘算不清，为了心中那最后一点点小小的奢望而节衣缩食，却发现生活本身的幸福在不知不觉中消退，那脑海中的美好渐渐地夹杂了那么多苦涩的味道。当年想要的一切都有了纠结，于是我们开始扪心自问，到底想要什么样的生活？而这样的生活能够给予我们什么？是幸福，是骄傲，还是一个又一个永无休止的贪婪？

一、花钱真的很容易，赚钱怎就那么难？

终于毕业了，开始赚钱了，不用再向父母伸手要钱了。初次体验“自己赚钱自己花，想买什么买什么”的感觉竟然如此美妙，一张张钞票如流水般一去不回，还没到发工资就捉襟见肘了。就这样，我们变成了“月光族”、“刷卡族”。每次拮据的时候，都下定决心要存钱，却总是一次次打破誓言。于是，我们感叹，花钱真的很容易，为啥赚钱就那么难？

“月光光照地堂……”小时候，这句歌词常伴我们入眠。然而，“月光光”如今竟成了不少上班族生活的真实写照。由于物价上涨而导致生活成本偏高、消费观念超前、理财经验欠缺，不少白领在领到工资后没几天就花得所剩无几了，在下个月的工资没到手之前，他们不得不过着节衣缩食的日子，甚至伸手向亲朋好友要“救济”，成了不折不扣的“月光族”。

“爸，我这个月的工资快用完了，能不能寄500块钱给我啊？”这是在广西某出版社工作的吴刚两天前打电话回家所说的一句话。今年28岁的吴刚工作快6年了，可是他在银行的存款还是接近于零。说起自己这种窘境，吴刚不好意思地说："平常一领完工资之后，就想着怎么和身边的那些朋友去玩，反正又不用交伙食费。"

吴刚的家境比较富裕，从来不用为钱发愁。过惯了优越生活的他，即使参加工作了，还要经常向父母伸手要钱。他觉得辛辛苦苦上一个月班下来发两千多块，吃几顿饭，买几件衣服就花光了，实在是花钱如流水，赚钱着实难啊。

黄明是一家私营企业的中层管理者，收入尚可，但他是一个追求生活品质的人，隔三差五会约朋友一起去酒吧，周末会到电影院看看最新的大片，购物也是非名牌不买。就这样，钱越花越大手，最近几个月开始出现"财政赤字"，生活入不敷出，黄明才终于觉醒，自己成了不折不扣的月光族，即使再多的工资也不够花。

面对五光十色、琳琅满目的商品，很多人都无法抵抗购买的欲望；互联网时代带来的便捷使得网络购物成为当今社会的一大消费方式，不用出门就能花钱。各大银行为了促进消费搞出的信用卡、分期付款等方式，更是导致很多人疯狂购物、提前消费。于是，钱越花越多、越花越容易。等到信用卡账单一出，才目瞪口呆地惊觉"原来我这个月花了这么多"，再看看自己卡上仅剩下的几百块，甚至都不够撑到发工资。这个时候才后悔不已，不该花钱如流水。

其实，不是赚钱有多难，只是你没根据自己的实际情况去支配金钱，不懂得节约。如果能掌握一些理财手段，也许你存折上的数目会越来越多。

詹小雨生活在小县城，在一家事业单位工作，工资不算高，月收入约2500

元，年末一般会有几千元的年终奖。她和丈夫月收入共5000元左右，在小县城里也能生活得有滋有味，这还得益于詹小雨的理财能力。她和丈夫住公婆留给他们的房子，不需供房，因此，她给家里制定了每月3000元消费额度的理财计划：2000元用于日常生活开支，500元用于八岁女儿校内伙食及兴趣班，500元用于一些应急开支等等。余下2000元存入银行。如果某个月生活开支出现超支，那么下个月一定要节省回来，保持每月平衡。詹小雨还有一个很好的习惯，就是把每一笔开销都记在专门准备的笔记本上，详细到一把1元多的青菜钱。

詹小雨之所以这样做，是因为她婚前总是花钱如流水，觉得赚钱太少不够花，结婚后压力陡增，便制定了理财计划。这样下来，日积月累，存下一笔不小的存款。记账后，他们花出的每一笔钱都清清楚楚，还能控制全家的消费欲。

像詹小雨这样家庭收入不高的尚能存下钱，对于大城市的白领们来说，更应该有效控制自己的消费欲望，学习如何理财。

萍萍是二线城市的一个普通的白领上班族，月收入4000多元，除去每个月固定的房租、水电费、交通费等固定开销1000多元，吃吃喝喝，和同学朋友聚聚会，再忍不住诱惑买些衣服、鞋子、包、配饰，几乎月月没有结余。过了两年这样潇洒的月光族日子，萍萍开始有了危机意识。

周围很多一起毕业的同学纷纷贷款买了房子，萍萍也蠢蠢欲动。然而看着几近为零的工资卡余额，萍萍开始有计划地存钱。

她把钱分存在两个账户：一个定期，一个活期。定期里面每月都存一笔钱，每次存3个月，这样3个月后每月都有一笔定期款到期，加上本月的存款再续存进去。开始时每月会有十几块钱的利息，两年以后，每月的利息已经够支付她的水电费了。

她还特意从网上下载了一个家庭理财软件，把每天的花销无遗漏地记在电脑里，月底时会自动生成图表，提醒她某一项消费严重超标。

另外，她还给自己制定了比较长远的规划，就是在近郊买一套小户型的房子，为了能尽快地住上新居，她把不必要的开销全部省下来。原来上班时，她经常因为起床晚了而打车，现在有了能约束自己早早起床的动力。而最大的服装开销也被大大地压缩了：不去商场买名牌，而是将目光投向了小店，质量虽然一般，但样式不错，和别的衣服搭配着穿，还有着意想不到的效果。

功夫不负有心人，她终于和男朋友靠自己的双手买下了一套属于自己的房子。

可见，不是我们存不下钱，而是我们没有“心”存钱。不妨针对个人收入情况制定一个适合自己的理财计划，给自己制定一个长远的存钱目标，在花钱之前想一想“这个东西有必要买吗”，节约不必要的开支。如果你懂得投资，让钱生钱，也可以尝试，但如果自己只知皮毛，那就切记“投资需谨慎”。

生活小妙招

如果能把节约当做一种习惯，把省钱当做一种潮流，不小看省下的小数目，日子久了，积少成多，便可以节约很大一笔开支，下面的省钱小妙招或许能让你有所收获。

随身携带密封式水杯

口渴时去便利店买瓶饮料，这是大多数人的惯性思维。但这样不仅容易导致摄入过多糖分和香精，塑料瓶子还会给环境带来贻害万年的污染。随身携带水杯，就可以轻松节省下买饮料的开支，经济又环保。

请朋友来家中聚餐

家庭温暖的回归才是人们内心真实需要的东西，请朋友到家里来用餐，这不仅体现了主人对客人的尊重，还可以营造一种亲密、融洽的氛围。DIY的鲜花、蜡烛布置、体贴入微的菜谱设计，所耗更少，所得更多。

巧用团购、代购

大到买房，小到一块瓷砖，团购不但可争取更多的价格优惠，还有详尽的咨询服务，可以帮助选择性价比较高的产品，省钱的同时还可以少走弯路。另一个概念，代购，早已存在。常用的护肤品可以让办公室的同事在出国时互相代购，这通常要比国内专柜的价格便宜30%以上。当然，下次也要记得帮别人带东西。

不要为情绪买单

不在饥饿、愤怒时逛街。因为这时候的你很容易冲动消费，千万不要犯这种代价昂贵的错误。办公室午休时间，要学会带少量的钱逛街。如果真有你喜欢的东西，记下来。也许回去取现的路上，你就会觉得其实自己并不是非买它不可。

取消手机不必要的功能

随着通信技术的不断发展，手机的功能也是五花八门。比如：呼叫转移、三方通话、气象信息服务、秘书台业务等。这些业务里面，有些是要收费的。还有其他的国际长途，如国际长途IP功能、声讯台拨打功能，如果不是必需，都可以申请取消，以减少误拨，或被孩子误打带来的话费损失。

长途电话省钱策略

如果你每月的长途电话比较多，或者有亲戚朋友在国外经常要通话，那就要考虑买张电话卡或者购买套餐服务了。

二、没房时候想房子，有房怎成房奴啦？

如今，身在城市的白领们，很多都过着租房的日子，房价迅速上升的同时，房租也在节节攀升，况且要忍受房东不合理的要求，有时迫不得已一年搬家十几次，终于无法忍受，“我要买房”的欲望越来越强烈。然而，当真的成为“房奴”，才感觉每月被房贷压得喘不过气来，生活品质也无法得到保障。

近年来，“买房”成为都市一族生活中的大事，终于，在拿出全部存款，或在父母的帮助下拥有了属于自己的房子，却成了“不敢娱乐、不敢生病、不敢高消费、不敢轻易换工作……”的房奴，每月固定的催缴房贷的短信如约而至，房贷、生活费、子女教育费等压得自己将要窒息。

有房奴慨叹：为什么我们辛辛苦苦挣来的钱无法用来孝敬父母，无法用来与妻儿一起享受人间美好，无法用来善待他人，而只能拼命往房地产商手里送，而这一切仅仅是为了一套有名无实的住房？

阿宏本来是个小资分子，30出头的年纪，月入3000，没结婚，做媒体工作，自由支配的时间比较多。没事的时候泡吧、吃饭，假期的时候旅游，生活很是轻松自在。

阿宏原来一直和朋友合租房住，花费不多，但是有一天他突然厌倦了这种不稳定的生活，说不定什么时候就要搬家的日子也着实让人心里没底。于是他就在同事的撺掇下购买了一套100平方米的房子，虽然不是很大，但也够住。但是还贷一年了，阿宏苦不堪言，"我牺牲了好多生活中的乐趣，现在什么事能凑合就凑合，再也不敢讲什么品质了。过去买衣服都去专卖店，但现在一般在批发市场解决，我已经有一年不买领带了，对我来说，那是奢侈品呀。"

身为网络工程师的小飞，月入6000元，因为要结婚，而女方家长要求必须买一套130平方米左右的"婚房"。无奈之下，小飞在父母的帮助下，交了18万元的首付，通过银行贷款35万元，买下了离父母家不远的一套128平方米的房子，现在每个月需要偿还贷款3000多元。

买房前，小飞跳槽过几次，也是因为跳槽，他的收入才能有今天这么高。但是买房后，小飞却说自己不敢轻易辞掉工作了。"原来觉得不满意就把工作辞了，反正家庭环境比较优越，再加上自己年轻，又有网络技术，所以一点都不担心会没有工作做。"小飞说，"但是现在不一样了，要养房子，将来还要养孩子，压力实在太大了。"

老刘原来在市委某机关工作，后来因为单位分房没他的份，他一气之下辞职下海，经营起了一家公司，但是后来因为经营不善而倒闭，现在一家公司做业务主管。

在经营那家倒闭的公司的时候，老刘购买了市郊一套260平方米的楼中楼住宅。老刘似有所忆地说："那个时候晚上下班回了家，我经常坐在阳台的摇椅上，闭着眼睛想，要是还在机关'混'，能有这房子？恐怕只能凑合着活吧？看咱现在，这才叫'品质生活'呢。"

可是，也许由于自己经营不善，也许是市场原因，他的公司一下子破了产，每个月6000元的房贷马上成了问题。无奈之下，老刘一家搬回了原来的两室一厅，把楼中楼租给别人做办事处，然而最近只有5000元，房贷还是有1000元的缺口，在积极找工作的几个月里，老刘只好四处借贷以偿还房贷。现在做业务主管的他，虽然收入不是很稳定，但是1000元的房贷缺口总算补上了，而家庭生活的开销则主要靠妻子的收入了。

然而老刘还是不愿意将那套大房子卖掉，他觉得自己有可能会东山再起，而且那套房子可以升值，他还觉得如果卖掉房子会让"圈子里的人"笑话。

这样看来，很多人在买房的时候考虑得不周全，对于长期负债没有概念，只是觉得首付不算贵，月供工资还够，还能剩点钱。于是买的房子不是超出实际需要的面积，就是超出自身能力范围的价格高的房子。在还贷开始后，原有收入一下子被固定划走一大块。原有的消费习惯一下子变得奢侈，原有的生活消费都必须大打折扣，这种心理落差和现实尴尬的无奈就会让人觉得供房就像被一座大山压着。

可细想想，一不留神成了"房奴"，到底是谁的错呢？

是银行的错吗？他们非愿意贷给我那么多钱，非不调查我的实际还款能力，让月供占了我家庭收入的一多半？

是房产商的错吗？非要盖那么大、那么豪华的房子诱惑我？

其实，我们最应看到的还应该是自己的错。为什么不等自己的经济能力再强一些再买房？为什么不买那套小点的房子，让自己的债务减轻一些？

家就是一个休息放松的地方。现在这个家成了负担，就失去家的意义了。量力而行才是最重要的。心有多大，家就有多大。只要心“住”着舒服，家就是舒服的。

吴玉霞结婚一年多了，一直和公婆住在一起，老人曾不止一次地劝小两口赶紧按揭买一套房子，还说要赞助5万元。吴玉霞和老公本来有家庭积蓄10万元，加上父母赞助的5万元，支付首付可以说绰绰有余。可是吴玉霞看到身边许多朋友都为贷款而终日奔波劳累，影响了家庭生活质量，而且，她觉得这几年房价已经涨了不少了，这时跟风买房有可能会和买股票一样被高位套牢。所以，夫妻俩决定暂时不买房，先过几年无债一身轻的日子。

当然，大部分人不会像吴玉霞这样洒脱。因为我国的传统文化观念就是安居才能乐业，觉得租房没有归属感和安全感，房子就是安全感。可是，当你为了那个安全感倾其所有后，才感觉生活质量严重下降，精神压力日渐增长。

在如今的形势下，买房就好像一种常态，不买房的人好像是不会过日子、不会理财的“异类”。可是如果你放弃买房梦想，做个快乐“无产者”又何妨呢？

“有钱每天吃得饱饱的，有菜有肉有水果；买得起衣服，偶尔狠狠心也买点名牌什么的讨好讨好老婆；经常锻炼身体，花得起去公园散步、去郊区爬山的钱；生病了掏得起看病的钱；有孩子了拿得出教育的钱；逢年过节有充裕的钱孝敬父母；隔个三五年还可以出来旅个游什么的。”

这是一位租房生活者琳琳的生活梦想，她认为，仅仅放弃拥有房子这样一个梦想，以上的大部分梦想就可以达成，这样的取舍非常值。

房子再大，你需要的也许就是一张床大小的空间，生活不可能整天被圈在房子里。买房是改善居住条件的途径，租房也是改善居住条件的途径。当租赁成为一种常态，生活就不会因为租房而变得不幸福。

那么究竟是买房还是租房？就要多算算账了，不能光算经济账，还要算生活账，要全面考虑生活、工作、子女教育等方面的需要。算清楚了，决定买房了，要知道“山不在高，有仙则名；水不在深，有龙则灵。家不在大，够住就行。”不要盲目攀比，不要虚荣心作祟，要根据实际能力购买适合自己的房子。

生活小妙招

如果你想买房了，不妨认真考虑以下几个方面吧。

经济实力

很多人连首付都是东拼西凑借齐的，而随着经济形势的不乐观，薪水永远都是那么一点点，看不到上涨的时间和空间，在这种情况下，贸然成为房奴，你的薪水永远是绝大部分都交给了银行去还房贷，估计你人生最宝贵的一半时间都是在帮银行打工。

想想成为房奴后的生活景象

很多人一旦成为房奴，所有的精力和经济都在这个上面了，但是人生不是只有房子、婚恋、子女、教育、健康、职业，还有某些不期而至的意外。如果你的经济能力还房贷才刚刚勉强，那么遇到这些情况怎么办？如果为了房子而降低了其余的生活质量，影响了人生的规划和发展，那么你买房子的意义又在哪里？你买了房子而失去了更多，你认为划算吗？

不要考虑子孙

不少房奴可能这样认为，我这一代多吃一点苦，这样的话，我的子孙就会好很多，至少他们出生长大后就会有房子了，不必再像我一样过这样艰难的房奴生活了。且不说物权政策会怎么改变，但就房子本身来说，有的在交房时候就会有质量问题，几十年后，你的房子的质量、设计都会严重不合格，那个时候你辛辛苦苦买下的房子在你子孙心目中的地位和现在你老家的房子在你心目中的地位会有差别吗？也许差不多，甚至还不如。

三、有车人前装潇洒，养车苦涩谁知道？

随着我们生活水平的提高，私人轿车开始从高档消费品变成了大众生活的寻常物品，而且私人轿车逐步从代步工具变成了人们互相攀比的新标准，有没有车、有没有好车，成为了一些人衡量彼此身份的象征。于是，有些人不顾自己的经济承受能力，为了盲目攀比买车，甚至买好车，结果是人前香车宝马，光鲜无比，但人后却是做牛做马，其苦自知。

对于年轻人来说，拥有一辆属于自己的汽车是不少人的梦想。有了爱车，不但自己出行方便，而且在闲暇时参加聚会，见见朋友都比较轻松。然而，现在很多人买车不仅仅是作为一个代步工具，而是作为提升幸福感的一个重要指标，但要记住，在通往幸福的道路上，汽车是为您“加速度”的，而不是拖累的“包袱”。所以，买车要量力而行，要考虑到今后的养车费用，千万别做明明还稍欠经济实力，偏要挤进有车一族的车奴。

杨凯从事文字工作，年薪5万元左右，他居住的小区距离单位有1.5公里的距离，上下班高峰期乘公交、打的很不方便，有时候还打不到车。每逢雨天、雾天等极端天气，披上雨披骑车不仅影响视线，还总是胆战心惊。逢年过节，回乡下探亲、外出访友买车票都是一票难求，实在是遭罪。另外，杨凯看周围的同龄人都买车了，好强的他感到自己不能落伍。于是他一狠心一咬牙，出手买了辆车。

开始被有车的新鲜劲冲昏了头，每天开车兜兜转转，十足地兴奋、快活。然而，油费、保养费用等开销接踵而来，他才真正理解了“买车容易养车难”是个什么滋味。

家住城外的李林自从买了车，发现以前月月有结余的工资如今是入不敷出，开始记账后，发现一年下来养车的费用实在不菲，这才后悔不已，后悔当初自己太冲动，没有想到养车这么难。下面是他一年的养车清单：临时停车费1000元，每年汽油费万把块钱，保险费5000多元，一次，车停在高速路上被追尾，在4S店的修理费1万多元，而对方的理赔费用还未到位。平时的保养费用林林总总接近3000元，还有过路、过桥费等，合计将近3万元。

丁丁是个爱面子的人，为了开一辆有面子的车，他一时冲动就狠狠心买了一辆大排量的高档车。现在，他后悔极了，只说：“冲动是魔鬼。”随着燃油价格的上涨，各种费用也水涨船高，他每月7000多元的收入有2000多元拿来养车，这已经给他带来了沉重的负担。

也许有人要笑丁丁是打肿脸充胖子，但在我们周围像丁丁这样的可是大有人在。

这两年要说起“汽车”两字，消费者脑海中都会不约而同地联想到另一个词——降价。这进口的、合资的、国产的，各式各样的汽车跟跳水似的，成千上万地掉价。于是，大家心痒痒，想买车的心蠢蠢欲动，一有时间就上网查车讯，跑去看车型，恨不得立刻将心仪的车开回家。其实，买车最忌讳心急，购车之前一定要仔细衡量自己的消费能力以及购车需求，一定要多看、多了解。如果没有那么急着用车，不妨再观望观望，保持理性头脑，切不可因一时地冲动而后悔不迭。

当然，如果你真有非买不可的理由，也查阅了大量资料，选好了适合自己的车型，做好了日后养车的心理准备，那就去将其“牵”走。其实，要想轻松养车，有很多方法可以节省开支。

李丹是某事业单位的工作人员，由于家离单位很远，在父母的赞助下，买了一辆凯越HRV。虽说上下班方便了很多，不用再挤公交车了，可是她一个月3000元的工资，养车就要花掉一大半，这对于李丹来说，可真是不小的负担。有一次，一位朋友结婚时婚车不够用了，李丹就开车过去“客串”了一把。为了表示感谢，事后朋友给了200元红包，这让李丹大受启发。后来，每当有朋友要结婚的时候，李丹都会去参加，“一个月参加几次婚礼，养车的费用就出来了，既给朋友帮了忙，又增加了收入，还能热闹一回，何乐而不为呢？”

对于像李丹这样的人，工作稳定、亲朋好友众多，受邀参加婚礼的频率非常高，这样的养车之道再合适不过了。

徐建刚把房子买在了房价较低的远离市中心的父母家的郊区，节省下来的钱给自己添置了“座驾”。终于过上有车有房的幸福生活了，徐建刚心里好不惬意。一天早晨，他冒着大雨开车上班，突然看到小区门口站着一个等车的邻居。这大雨天哪有车啊，小徐赶紧打开车门，送他一程。

没想到这位邻居的单位离他的公司只有几百米远，后来这位邻居就总搭徐建刚的车上班，月底的时候，邻居还硬塞给他三百元钱。虽说这钱不多，可是车空着也是空着，搭个人还能补贴些油费，徐建刚觉得也不错。

像这样和人拼车也能节约不少开支。

做小生意的傅森为了谈生意方便，三年前买了辆车。平时生意多，主要在省内各个地市间来回跑，三年下来，积累了不少保养的经验。

朋友向他请教，傅森说："对汽车来说，油费开销很大，但这是避免不了的。而修车、保养也是一笔定期的花销，如果合理地保养，这方面能省下不少钱。"傅森每次出远门前和返回后，都要到4S店给车"体检"，充分利用免费检测。如果利用汽车厂家的免费检测活动对车进行全面体检，可以及时发现、排除一些潜在的故障，可以让汽车的每一个零部件保持在良好的状态下，省下将来可能需要花费的高额维修费用。而且，傅森学习了一些简单的检查技术，车出了小毛病，他自己就能应付。所以，三年下来，车况一直很好，但花在维修上的费用寥寥无几，省下了不少钱。

的确，每辆车的保养都有个合理的保养周期，否则，过高的保养频率又会是一种不必要的浪费。如果参照汽车制造厂的推荐，并结合汽车自身的技术状况和实际使用环境，对保养周期做适当地调整，便能节省很大一笔保养费。

如果在开车时做一个细心人，也可以节约很大开销。比如，从平时的行车过程中总结出城市交通中经常会出现的拥堵点，所以，在出车前要先规划行车路线以减少遇上拥堵点，减少等候时间，这样也可以减少燃油支出。尽量避开车流高峰时间段，节省油费和停车费。在市内行驶，应该尽量做到让车保持匀速行驶，避免急加速、急减速。开车时要注意力集中，发现路况有异常应提前处理，这样可以避免临时急刹车。看到红灯，提前收油，靠惯性前行，而不是等临近红灯了才刹车。从点滴中节省养车费用，到头来一算，一定会给你大大的惊喜。

在如今倡导“低碳”生活的时代，如果大家都能有一份对社会、对环境负责的意识，应尽量采用乘坐公交、地铁的出行方式，能不开车就不开，能少开就少开，这样，日益拥堵的交通状况一定会有所改善，我们的环境也会越来越好。

生活小妙招

所谓“你不理财，财不理你”，谁都想用最少的钱办最多的事，并且取得事半功倍的效果。买车可不是一件小事，如果掌握一些买车小妙招，也能节省不少开支。

“欺软怕硬”

新开业与地址偏远的店，实惠多。

利用对方的弱势“下手”天经地义，但是也要考虑好如果日后选择在买车的店修车保养的话，你的居住地距离偏远4S店的路程是不是太过遥远。

“狂轰滥炸”

咨询所有4S店同一品牌的价格，余地大。

现在得知汽车价格信息的渠道越来越多——报纸、网络、电视，还有你周围朋友的一些信息，去4S店之前，可能要打无数个电话询问，可能会比较浪费电话费，不过比起能省几千元、上万元的买车钱，值！

“趁火打劫”

耳听八方，谁家店庆、谁家过节促销，接红包。

在一些特殊日子里，店家往往会有活动。比如赶上哪家店庆或者他们卖的车多少周年庆生，或者在五一、十一节假日的时候有优惠，这就要求你得消息灵通，得常看店家的促销广告，一有活动就去看看。

“花言巧语”

砍价时不能太着急，需要慢慢进攻，挤水分。

你看车的时候，销售人员大多给你的是官方报价，而且还会告诉你同一品牌各家4S店的价格都一样，并且都不会再便宜了，这个时候他们基本上就封死了你讲价的空间。在这种情况下你千万不要气馁，而应该继续争取，随着交谈的深入，你表示出自己对这个车很感兴趣，多半销售人员还是会给你优惠的。在和销售人员短兵相接的实际谈话过程中，有很多技巧，比如激将法、夸大法等，建议买一些关于提高口才的书看看。另外，想用这招还要做好长期拉锯战的心理准备。

“借花献佛”

经常关注国家的最新政策，为自己省钱。

我们还可以借助国家推出的一些汽车政策来为自己省钱。比如国家推出的1.6以下排量购置税减半的政策就对购买小排量车有利，所以如果你选了辆小排量车，费用就会省不少。借着政策的光为自己省钱，还是很幸福的。

四、一个人时想成家，婚后怎觉单身好？

一个人面对柴米油盐，一个人承受压力、烦恼，觉得孤独、无助，总想找个人分担，一起面对生活的风风雨雨。终于，你找到了理想对象，走进了婚姻殿堂，才发现婚姻生活远不像想象得那么简单，婚姻不是两个人搭伙过着柴米油盐的日子，结婚不是两个人的事情，而是两个家庭的事情。你终于忍不住回想当初单身的自由自在是多么美好。

钱钟书先生的《围城》中关于婚姻的描写："结婚仿佛金漆的鸟笼，笼子外面的鸟想住进去，笼内的鸟想飞出来；所以结而离，离而结，没有了局。""被围困的城堡，城外的人想冲进去，城里的人想逃出来。"这些感觉只有经历婚姻的人才能体会。

"他们结婚了，从此幸福地生活在一起。"童话故事大多这样结尾，然而，当你结婚后，发现童话终究是童话。当你终于决定结束一个人的生活，憧憬着无忧无虑的生活，开启一段婚姻，最终却失望透顶，这是多么常见的事情！

柳柳是记者，安杰是某公司的业务经理，两人通过朋友相识，曾经都过着潇洒的单身生活，泡吧、聚会、逛街、旅游，好不自在。虽想摆脱单身生活，想多个人一起分担快乐和痛苦，但一直没有合适人选。两人相识后，有种相见恨晚的感觉，于是，三个月后，他们闪婚了。

朱德庸说："结婚后，男人成了女人的全部，女人则成了男人的一部分。"这句话对柳柳和安杰非常适用。婚后，柳柳一心向家，每天连上班的热情都没有了。早早地回家煲汤做菜，忙得不亦乐乎，好不容易充满激情地把饭菜做好，给安杰打电话，安杰却说单位要加班，要晚点回去。

柳柳的一番热情凉在了半空中。安杰并不是真的经常要加班，只是他对婚后突然要早请示晚汇报的生活感到很恐惧，他还没有从单身时想什么时候回家就什么时候回家的无拘无束的逍遥状态中走出来。

有一天晚上，他回来得很晚了，一是因为确实忙，二是内心好像在抗拒要给柳柳汇报行踪，所以没有打电话。结果他刚推开家门，就见柳柳坐在客厅里，一种暴风雨来临前的宁静。安杰偏偏又准备绕过困难而走，结果他故意避战的神情让柳柳更加火冒三丈。柳柳开始质问安杰为什么回家晚了，安杰先是步步后退，后来被逼急了，他也开始反抗，说难道我什么都要向你汇报吗?

吵架逐步升级，最后上升到爱与不爱的高度，柳柳觉得安杰现在不爱自己了，婚前婚后他言行不一了，这场吵架以她的边哭边控诉而暂时告一段落。

安杰知趣地偃旗息鼓，他想着只要哄一哄柳柳，一切就解决了。可是他上前拥抱柳柳时，柳柳却带着恨意推开了他。她决定坚决不让他得逞，她一定要他正视问题，不能让他这样得了便宜还卖乖。她必须要他向自己交代清楚。

她的不合作态度让安杰也不耐烦了。在他看来，柳柳的那种霸道作风又上来了。这本来是一件没什么大不了的事情，她凭什么要抓住不放呢？她太有点无理取闹了。这样一想，他索性也针尖对麦芒，寸步不让起来。

于是，矛盾更加升级，直至冷战，两个人都觉得心被对方伤透了。两个人都开始怀疑对方是不是根本就不是自己想找的那个人，开始怀疑这个婚姻是不是本身就是个错误，甚至开始怀念曾经的单身生活是多么的自由和潇洒。

当婚姻中的两个人你侬我侬时，甜蜜的感觉充斥在心，谁都会觉得结婚真好；当婚姻中的一方有了委屈向另一个哭诉，会觉得有人分担、有人倾听的婚姻生活也不错。然而，当夫妻双方因为某件小事而吵架，甚至大打出手的时候，两人就开始怀疑婚姻，怀念单身生活。这恐怕是大多数夫妻的真实感受。

当你想着通过结婚摆脱孤独，你是否想过婚姻的功能不是带你冲上九霄云层，它也不是什么替代品，不能助你领略神圣的狂喜。它唯一能够给予你的是重新认知自我的机会。

你应该把婚姻当做一个继续成长和发展的机会。其中的机遇与挑战在于如何给另一个人带来幸福，而不是终其一生只知道追求自己的快乐。婚姻需要经营，婚姻如同一只玻璃杯，里面盛着的可以是一杯清淡无味的白开水，可以是一杯回味悠长的咖啡，可以是一杯甘甜若醴的果汁，也可以是一杯曼妙多滋的鸡尾酒。如果你学着好好经营婚姻，你会发现其实婚姻生活是多么美好。

曾看过这样一个故事：一天，一个男孩对一个女孩说："如果我只有一碗粥，我会把一半给母亲，另一半给你。"于是女孩喜欢上了这个男孩。

有一次村里发大水，男孩忙着去救别人，而没有去救女孩，别人问他为什么，男孩说，如果她死了我也不会独自活在这个世上。这一年女孩20岁，男孩22

岁，女孩嫁给了男孩。

闹饥荒的年月，两人只有一碗粥，他们互相谦让，都想让对方吃下去，结果这一碗粥三天后发了霉。那时他们分别是40岁和42岁。

当他52岁那年，因家庭成分不好被挂上牌子批斗，已经50岁的她心甘情愿地陪伴着他。她告诉他无论有多大的难，他都是她生命中唯一的支流，她永远是他爱的源头。

许多年过去了，他们成了70多岁的老人。在一次坐公共汽车时，有一位年轻人给他们让座，他们都不肯一方坐下而让另一方站着。于是两个人紧紧靠在一起抓着扶手。

这时，车上所有的人都被这美丽的场景感染了，齐刷刷地站了起来，充满无限敬意的眼睛仿佛看到他们心中的玫瑰花正在盛开，醉人的温馨里浸润着浓浓的恋意。

"百年修得同船渡，千年修得共枕眠"，佛说前世的五百次回眸才换来今生的擦肩而过，茫茫人海，两个人从相遇、相识、相知到相守，又得需要多少千年的期待和祈祷？有缘成为夫妻，就要抱着感恩的心互相包容、谦让，彼此不离不弃，这样的爱情和婚姻才能永葆新鲜。

当然，在婚姻生活中，难免会出现磕磕碰碰，当夫妻之间出现矛盾，该如何解决可是一大学问，只有把矛盾消除，才能使婚姻越来越和谐。下面的小妙招教你如何化解婚姻矛盾。

生活小妙招

矛盾不过夜

夫妻之间如果有矛盾产生，一定会在睡觉前解决，否则会影响睡眠，影响第二天的心情和工作，而万一第二天心情不好，工作出错，或者过马路不小心闯了红灯，岂不是夫妻矛盾产生的连锁反应。所以，当天的问题必须当天解决，绝对不要拖到第二天，否则会让你们的坏情绪蔓延扩展而影响正常生活。

就事论事

如果夫妻之间因为某件小事争论不休，切记就事论事，不要把事情夸大，这样既让自己少了许多烦恼，也给了对方更少的压力。千万不要上纲上线，否则，不但让对方觉得冤屈，也无助于事情的良好解决。

切忌打蛇打七寸

许多夫妻矛盾产生了，夫妻之间会因为对对方的足够了解而恶毒地拣最难听的话说。这样，表面上是逞一时之痛快，但伤害的却是真正的夫妻感情。越是在矛盾时越要懂得克制而不是任由情绪尽情宣泄，这才更考验一个人的智慧和实力。

没有夫妻没有矛盾，高明的夫妻在于，他们能及时地化解矛盾，这样他们的感情才能在矛盾中越来越稳固。

五、孩子出生是幸福，之后压力怎均摊？

步入婚姻殿堂后，还未完全适应由围城外走进围城内的种种不适，就要面对是否生子、什么时候生子的问题，终于无法忍受双方父母的催促，在自己还觉得未长大的时候，却当上了爸爸、妈妈。面对嗷嗷待哺的可爱小婴儿，内心充满了激动、忐忑，激动的是初为人父母的很美妙的感觉，忐忑的是不知道该如何养育这个小东西。尤其当尿布、喂奶等一大堆事情缠身的时候，才知道“养儿方知父母恩”的含义。当尿片、奶瓶、奶粉、婴儿衣服、玩具的账单纷至沓来，才了解自己已然沦为“孩奴”。

两个人的世界单纯美好，甜蜜的爱情让夫妻双方充分体验着对方心里只有一个我的充实状态，甚至连吵架、生气都是充满着甜蜜温馨。无论是热恋还是新婚，两个人都可以在嬉戏捉弄中升温加热，可以有足够的时间制造浪漫，可以说一切的甜言蜜语。可是这些都会被另一种甜蜜所取代，就是宝宝的降生。

爱情结晶的降生，带给夫妻甚至双方的家庭无与伦比的快乐，每天看到宝宝笑就高兴，看到宝宝哭就难过。然而当面对该喂奶了、该换尿布了、该洗澡了、该体检了、该打预防针了等这些琐碎的事情，因半夜起来照顾孩子而睡不好觉的爸爸妈妈们开始互相推脱了：“为什么你就不能去洗一下尿布？”“为什么总要我来冲奶粉？”“你就不能哄一下宝宝吗？”这个小宝贝给家庭带来乐趣的同时，更带来无穷尽的家务事和数目不小的账单，甚至会给曾经甜蜜的夫妻生活带来“裂痕”。

小米的宝宝已经五个月了，小米已经完全适应了母亲的角色，在享受孩子带来的天伦之乐的时候，她依旧叹气不止：“老公还是没有当父亲的自觉。”她跟朋友抱怨，老公虽然也出钱出力照顾宝宝，晚上也时常哄宝宝入睡，但是完全像在对待一个客人，更多的时候是跟宝宝争风吃醋。

老婆给宝宝喂奶，老公会对着桌子上大不如以前的汤抱怨“有了孩子忘了老公”；早晨小米给宝宝换尿布，老公自己打领带时会抱怨自己很久没买新衣服了；中午例行公事似的给小米打电话时，听着老婆一边哄着孩子，一边应付自己的电话，老公会悻悻地放下电话，郁闷地接着办公。

日复一日，沉浸在得子快乐中的小米发现了一件“晴天霹雳”的事情。朋友跟她婉转地转述道，小米老公最近跟公司里一位大他好几岁的女同事来往密切。小米趁他洗澡时翻看手机，发现满满的都是“亲密姐姐”的“关怀短信”：“明天变天，多加衣裳”、“膝盖还疼吗？”、“嗓子咳嗽，多喝些水”……虽然没有过多的暧昧，但是这种只有爱人才有资格发的贴心短信却满满地占据了老公的手机，很明显老公不仅受用，还舍不得删。

小米非常郁闷，女人生孩子就是经历一场生死关，自己咬牙硬挺生下孩子，起早贪黑照顾孩子，结果老公却在外面跟别人暧昧。小米质问时，老公却面不改色，理直气壮地说："你一天眼睛就围着孩子转，什么时候还有我了，你不关心我，还不允许别人关心我吗？"平日牙尖嘴利的小米突然哑口无言，不知道年近而立之年的老公怎么比宝宝还幼稚了。

其实，此时旁观者都已看出，小米老公的"出轨"纯属是个闹剧，他就是有那个胆，也没那个心。原本你侬我侬的二人世界，老婆眼里只有他，凡事围着他转，结果来了这么一个小家伙，把爱人的心思全都勾走了。偏偏小家伙太小什么都不懂，只会傻呵呵地吃和睡，想发火都找不到人。

当小米明白过来这是老公在吃孩子的醋时，哭笑不得。随即反应过来，以前老公的衣食住行、出差旅游等事项，作为家庭主妇的小米是全包的，不管在家怎么撒娇耍赖，老公出门时都是舒舒服服、干净清爽。可是有了孩子以后，老公的衣袜多久没有添置了，上回加班回来好像听到他咳嗽，孩子在屋里哭着，着急忙活孩子也就没有多问。这么一细想，还确实是有些忽略他了。

孩子虽然耗费了女人的大部分精力，但是女人也不能就此忽略了身边的爱人，就像男人每天忙于事业、照顾自己的父母，同时也不会忘了找个老婆一样。原来对方在自己眼里都是全部和唯一，但是恋爱高潮期过了以后就要扮演不同的社会角色了，精力和耐心也要合理分配，否则这种老公吃孩子醋的闹剧就会不断地升级。

然而，作为孩子的爸爸，也要多帮妈妈分担，做些力所能及的事情，不要觉得女人照顾孩子是天经地义的事，不要忘了你是孩子的爸爸，身为爸爸难道不应该为孩子的成长付出一些吗？

恋爱、结婚、生子，似乎是每一个正常人都要经历的过程。因为爱情，有了婚姻；因为婚姻，给了爱情的结晶——孩子的出生。但是，这三者能够共存吗？尤其是在生命中最有分量的孩子对婚姻和爱情有哪些影响，孩子的出生是挽救了婚姻还是葬送了曾经最美的爱情？

爱情似花朵，结婚便是它的果实。植物界的法则是果实与花不能两全。一旦结果，花朵就消失了。

真正水乳交融的婚姻，维系它的不再是一日不见如隔三秋的爱恋，而是深入骨髓、绵延一生的亲情。而孩子的出生会不会打破这种平衡和自然的过渡呢？

很多岌岌可危的婚姻随着孩子的呱呱坠地重新牢固起来，而也有一些曾经如胶似漆的夫妻随着“第三者”的降生而产生了“距离”。家家上演着不同的剧目，每个孩子在家庭里也扮演着不同的角色。

佳佳说，宝宝是他们名副其实的爱情结晶，是他们生命的延续。如果佳佳夫妻的婚姻是人人艳羡的一首动人的旋律，那么新生的女儿则是其中最和谐的音符。

佳佳和丈夫东子相识于毕业典礼上，在校园与社会的转折点上，他们二人步入爱河。他们一起打拼、一起住在廉价的出租房，辛苦赚钱，终于有能力购新房、新车。开新车时，东子迎娶了此生在他心中最美的佳佳。二人的爱情没有波澜壮阔的生死契阔，完全是一部叙家常式的流水账，但其中的甘甜和对命运的感激让二人的爱情整整保鲜到婚后数年。为爱而结婚是他们俩的愿望，他们也做到了。

婚后的两年，他们尽情地享受了二人的新婚世界。在何时要孩子的问题上，他们犹豫了。人们对已到手的幸福往往都有一种危机感，甜蜜的二人世界让他们俩起初有些下意识地排斥孩子的到来，虽然嘴上都承认早点要个宝宝，让生命圆满。他们也担心孩子会破坏家庭，会破坏他们经营多年的甜蜜的二人世界。但是当女儿出生的那一刻，除了激动的泪水和幸福的昏迷，俩人似乎都忘记了曾经的忐忑。

佳佳望着小女儿从一团褶皱慢慢长成粉嫩的小天使，已经成功转型成一名合格育婴师的她辞去了工作，在家尽心尽力地照顾着孩子，使老公无论工作还是应酬都无后顾之忧。他们发现，女儿的降生并没有使他们二人的甜蜜画上句号，而是让他们领略到了二人世界中从未有过的充实和感动。

作为全职太太在家的佳佳并不知道襁褓中的女儿替自己扫走了多少情敌。丈夫年近而立，事业小有所成，踏实稳重的性情更是勾走了公司很多女人的芳心，老婆怀孕的空窗期、女儿出生时的忙碌期让很多女孩子借机徘徊在他身边，身为男人的虚荣感也使他得意了些许。但是这种情绪不会持续过长，每当有女性过分亲近时，他总是不经意地拿出孩子的B超彩照，或者女儿出生后的三口人的合照来比画、显摆，让人无法近身。

而原先夫妻最担心的二人世界则因为女儿的出生更加充实，他们有了更多的话题，比如孩子打预防针的时间、拍周岁照的影楼、不同月份买什么样的玩具、把女儿打扮成什么类型的公主去走亲访友。再琐碎的事情，只要与女儿有关，都可以让他们讨论个没完没了。

同时，因为有了女儿，曾经想方设法也推不掉的应酬如今都有了理由。陪女儿上钢琴课，陪女儿听英语，陪女儿过生日，甚至女儿病了陪床都是短时间内摆脱应酬的必杀手段。这个时候的夫妻俩，默契程度显著上涨。曾经甜蜜酸涩的爱情，如今已经深刻入骨，变成了再也抹不去的亲情。

其实，孩子在婚姻和爱情中扮演着什么角色，并不是由无知的孩子决定的。有的小两口新婚时幸福无比，但是当得知腹中所怀是一个女孩时，便产生隔阂，或者大打出手者亦不在少数，然后会把责任推在还未出世的孩子身上。

有的夫妻俩在婚姻或者爱情中本来就有了难以察觉的裂痕，孩子的出生让这种裂痕彻底暴露，当无法弥补时，他们便把裂痕产生的责任全都推到孩子身上。说是孩子破坏了婚姻，埋葬了爱情。

不要再拿无知的孩子说事儿了，一个幼小的孩子何其无辜。婚姻的幸福与否，爱情的长久与否不在于孩子，而在于夫妻双方。

生活小妙招

养孩子令人无比兴奋，也充满了挑战，但是这种生命中不可避免的挑战也意味着你将度过一段充满压力的时光。如何来缓解这种压力，不妨试试下面的小招数：

注意充分休息

不管是谁，缺觉都会让一天更难过，所以要尽量在白天睡一觉。如果你确实觉得在白天没法睡觉，至少坐下来喝一杯热饮料“走个神”，而不是忙着打扫屋子。

饮食健康、均衡

良好的营养在当前是非常重要的，因为所有的需要都依靠你的身体。食物是能量和免疫系统的燃料，因此有助于防止你身体垮掉。

给自己留出时间

找点时间，抛开压力，能让你恢复精力。你甚至不需要离开家，泡个澡或躲开一个小时看看书就行。如果你想和朋友吃个午饭，看看是不是可以安排一个固定的小时工接替你几个小时，还可以和朋友轮流互相照看宝宝，这样你们俩都可以有解放的时间了。

与人倾诉

一个最好的排解压力的方法就是和别人分享你的焦虑。事实上，和别人适当地说说话能让你获得真正的放松。

第七章 心灵纠结篇：解开不必要的心结——认知的变现需要内心的强大

每一天，每一月，每一年，我们都在随着时间的逝去慢慢成长，当我们离开校园，踏上社会，当我们将一腔热情投身到工作当中，我们会发现事情没有我们当初想象得那么简单。我们会在工作的过程当中碰到这样那样的困难，遇到这样或那样的挫折。当我们当初的梦想和现实发生冲突的时候，我们的内心变得纠结，我们开始变得迷茫，不知道该如何面对这个社会。这个时候，我们需要让自己的内心变得强大起来，内心变得强大了，我们才不会被别人所左右，我们才会走自己的路，坚定不移！

一、喜怒哀乐，才是真实的自己

随着年龄的增长，随着阅历的增加，你还会想哭就哭、想笑就笑吗？很多人随着年龄的增加，已经不习惯想哭就哭、想笑就笑的性情了，认为这样做是不成熟的表现。很多人都觉得一个人应该学着让自己变得成熟，所谓的成熟就是不要轻易地表露自己的思想，其实这是错误的观点。成熟只是不要因为一些事情而乱了心智，而并不是不去做真实的自己。

“只有傻子才想哭就哭、想笑就笑。”一位职场精英这样说道。其实这里说的想哭就哭、想笑就笑，指的是做真实的自己，让自己的内心变得更加真实，而不是用虚伪掩盖自己的内心，做一个真性情的人。所谓的真性情也就是说一个人在衡量任何事物时要看重事物在自己生活中的意义，而不是单单看重它们能给自己带来多少实际利益，当然也需要人们能够真实地面对自己地内心。

一个人活在世上，最重要的不是凭借虚伪的外表来获得什么东西，而是用真实的内心来让自己过得更加幸福，当然，人生在世需要有自己真正爱好的事情，才会活得有意思。当一个人经过努力获得了成功之后，他可以毫不掩饰自己开心的内心，放声大笑，让所有人知道自己是开心的，因为自己付出了努力而获得了成功。在一个人面临挫折而受伤后，因为内心的痛苦可以放声大哭，这没有什么可耻的，也并不丢人，这只是内心的一种释放，每个人都需要释放自己压抑的内心，而你选择了这种方式，用这种方式来表达自己真实的内心世界，这也是一种坚强。

人做事情无非出自两方面的因素，或是为了利益，或是出于性情。出于利益而做的事情当然就没有必要太在乎是否愉快，没有必要过多地在乎自己真实的内心世界。我们常常会看见名利场上的健将们，他们一面叫苦不迭，一面依然奋斗不止，对此你应该理解他们的苦与累。相反，凡是出于性情而做的事情，有的仅仅是为了满足心灵，愉快就是基本的标准，这样的人会将自己真实的内心表露无遗，他们不会害怕别人看穿自己的内心，因为他们的目的就是为了让自己的心灵得到释放。

作为白领的洋洋，通过自己五年的职业生涯讲述了这样一段话："我在生活中是一个'两面派'，在日常生活中，我是一个'傻子'；在工作中，我又是一个'疯子'，为什么要这么说呢？"洋洋笑了笑继续说道，"我在生活中做事情根本不会掩盖自己的内心世界，尤其是对待自己的亲人和朋友，我是怎么想事情的就会怎么说出来，根本不会过多地思考。在生活中，开心时我就会毫不掩饰自己的内心，放声大笑。不开心或者难过时就哭，我觉得这没必要掩饰，很多时候父母都担心我这样的性格会不适合与人交往，而我却过得很开心、很自在。但是在工作中我不能那么地放肆，因为这是一个追求利益的场所，我可以为了工作而变成一个'疯子’，但是根本无法做到真性情。”

每个人都有权利选择自己要过的生活，而每个人的生活也都是不一样的，如果你想要吸引别人的眼球，那么你不妨积极地做回自己。在生活中你没有必要时时刻刻掩盖自己的内心，做自由自在的自己并没有什么不好，你完全可以为了自己的成功而成就自我。

人生中一切美好的事情，报酬都是在眼前的。比如美丽的爱情，报酬就是相爱时的陶醉和满足，如果你获得了美丽的爱情，完全可以表露自己的幸福，这是你的权利。所以说真性情的人是不会用虚假的表情来掩盖自己真实的内心的。如果你能够真正地做到这一点，自然会成功。每个人的成功都是来自不同的程度，但是真实的内心都是可以外露的。

人生需要激情，在这个压力越开越大的社会中，要做真实的自己不是一件简单的事情，而要保持生活的激情更是难上加难。如果你想要做真实的自己，让自己的生活充满激情，那么你究竟要怎么去做呢？

首先，你的生活乏味吗？很多人都会说生活就是琐碎事情的集合体，充满了乏味和重复。其实不然，真正有激情的生活是即便每天做着重复的事情，也一样能够从中找到快乐。如果你每天都懒洋洋的，从自己平凡的生活中找不到任何快乐，那么你就应该找找原因了，或者是为自己的生活加一些调味剂，让自己的生活变得丰富起来。

其次，不要在意别人诧异的眼神。当你因为欢乐而开怀大笑的时候，可能别人不明白你这么开心的原因，会投来异样的目光，这个时候如果你害怕看到别人异样的目光而压制自己，你怎会感受到心情释放的舒畅呢？因此，不管你开心还是伤心，都不要过多地在意别人的目光，即便看到别人异样的目光，也要告诉自己“我的行为是在表达真实的内心。”

最后，问问自己有掩盖自己内心的必要吗？在生活中，我们经常会听到别人说“不要轻易地表露自己真实的内心”，但是在你想要掩盖自己真实内心的时候，你应该问问自己到底有没有这个必要。如果你掩盖了自己的真实内心，就能够得到幸福，那么这是有必要的；如果你掩盖了自己的内心却失去了真实的自己，让自己觉得迷茫，那么你为何不去尝试一下，哭笑自如的感觉呢？

心解小妙招

改造自己的内心

心是自我的变现，你觉得他是什么样子他就是什么样子。或许你什么都没想，但别人的心却在反复地揣摩着你的动向，与其如此，不如别给他们太多的表达和暗示，把对方好的给自己，不好的放出去。时间长了，你好了，别人看着你也会改变。

练就一颗真诚心

或许你的一生会遇到很多人，有很多的错误暗示，别人说你没有了，你觉得没有了那就是没有。别人说你死了，你还去死吗？用一颗真诚心去看待这个世界，没有什么事情是做不成的。内心与内心的感染在于一种共鸣，如果你没有，它就不会找到你，如果你有，那就一定要学会放下，看淡了，看明白了，不害怕了，反倒踏实了。

经历反复地敲打

有时候反复地刺激和敲打一下也没什么不好，等把你敲打疲乏了，你也就不怕了，你看着也就那么回事了，这就是应激反应，麻木到释然是一个过程，先麻木可能还先不受罪呢。假如别人一定要揣摩你，记住一定要引导他们往好处揣摩你。越揣摩越舒服，越揣摩越完美，这是智慧。

二、感情上坚强，才不会受伤

人生就像是一盘棋，有赢家必然会有输家。在你想要赢得这盘棋的时候，你必然要阻碍对方前进，妨碍对方取得成绩，所以说，人生在世，难免会因为自己的目的而妨碍到别人，对于一些感情丰富的人来讲，可能会觉得尴尬，甚至会产生内疚之情。有的人或许会因为内疚而放弃自己到手的机会，最终让自己的内心变得慌乱，在事情面前根本无法保持平衡的心态，致使最终失败。这样的内疚之情是完全没有必要的，这种感情只会成为阻碍你前行的荆棘，对你的发展是毫无益处的，所以说不妨扔掉这些没有必要的情感，做一个感情上坚强的人，塑造真正的自我。

内疚之情在很多时候是一种负面情绪，这种情绪不会激励一个人去完成目标，反而会让这个人在奋斗的道路上失去理智的思维。这种感情在很多时候是完全没有必要的，比如作为一个母亲，为了锻炼孩子的独立能力，会在孩子上了高中的时候让孩子寄宿学校，这样做可能会让孩子感到很不适应，甚至在住校的前期因为不适应而生病，如果母亲觉得孩子生病是自己的原因，是因为自己没有照顾孩子或者是做出了这个“错误“的决定而导致的，那么，母亲会放弃让孩子住校的思想，孩子自然也无法形成独立的思想了。因此，在生活中，很多时候的愧疚之情是完全没有必要的，如果你总是抱有内疚之情，那你是无法正常工作和学习的。

一个人应该谨慎地处理自己与他人的关系，但是这里讲的谨慎不是完全在乎。生活中我们不难发现有的人总是做事情谨小慎微，故此变得犹犹豫豫，做事情思前想后反而耽误了功夫。如果你总是担心自己的所作所为会给别人带来不便而无作为，那么这种无作为的行为反而会影响到你的生活和工作。比如说当上司交给你和同事完成一项任务时，因为你们要共同完成，同事和你完成工作的时候，因为自己做事不小心而受了伤，你如果将对方受伤的责任完全归到自己身上，并因此而不停地责备自己，甚至对同事产生了内疚之情，在接下来的工作中恐怕你是无法用正常的心态去完成工作的。所以在面对那些和你无关的责任时，千万不要去承担，更不要感觉到内疚，这样做只会影响到你的工作和心态。

阿梅今年已经30岁了，她原来在一家外企做总经理秘书，当然，她已经是两个孩子的母亲。她有一对双胞胎儿子，两个孩子聪明可爱，在孩子三岁的时候，她回到了工作岗位。“那会儿虽然孩子都已经三岁了，家里也请了一个很不错的保姆，但是我工作的时候也还是很不安，老是觉得对不起两个孩子，觉得他们那么小，妈妈就不能经常陪他们了，每天晚上一回家，两个小家伙总是期望我能陪她们玩耍，但是自己已经累得要命了，有的时候还冲着孩子发发脾气。”阿梅说道，“后来我觉得自己既不是好妈妈，也不是好太太，家里的一切都无法专心去做。所以，在孩子四岁的时候，我下定了决心，辞掉了薪水不错的工作。我待在家里，可以亲自照顾孩子们了，也可以为丈夫做饭洗衣了，可是家里的经济状况就不如以前了。看着自己丈夫的工作压力越来越大，自己帮不上忙，反而成了他的负担，这个时候我又一次感觉到内疚，在家带孩子也不能心平气和了，总是觉得自己的内疚之心在不停地跳动。”

阿梅讲述着自己内疚的心态：“一次，和同学聚会中，一个朋友劝我没有必要内疚，因为自己已经在为家庭的幸福付出努力了，即便现在无法帮助丈夫减轻负担，但是在孩子上了学之后，自己一样可以回到职场。我开始想办法让孩子学得更乖，想办法让丈夫回家之后更加轻松，再也不觉得内疚了，这反而让我们的生活变得开心。”

生活中多多少少都会存在压力，在很多时候你是无法做到“一箭双雕”的，所以没有必要为自己做不到的而感到内疚，毕竟你不是神仙，无法做到那么完美。当你总是在无谓地抱怨自己的缺点时，你根本不会感到开心和幸福，也根本不会觉得自己的生活轻松和自由。这样的态度反而是一种负能量，让你在生活中失衡，最终会影响到你正常的生活，甚至会迷失自我。

如果你想要让自己的生活变得轻松，那么首先要做到的就是不要逼迫自己成为“万能者”，你不是上苍的救世主，所以你不可能将所有的事情都做得完美。要允许自己犯错，允许自己做到不完美。当你再一次感觉到内疚时，不妨劝说自己，让自己摆脱这种负面的情绪，认清自己的选择，这样也许你会过上轻松自在的生活。

严格要求自己本无错，但是过分地要求自己往往会给自己造成巨大的压力。

如果你无法改变这种情景，无法改变这种选择的结果，那么你不妨放弃自己没有必要的内疚感，露出积极的笑容，接受眼前的一切，这样或许你能够看到自己真正想要得到的是什么，不会再变得迷茫和无助，反而对你的生活有帮助。当一个人总是活在内疚中时，他的眼前根本看不到灿烂的阳光，也看不到美好的未来，在他的心目中全是悔恨，只会将自己的眼光停留在过去的时间里，没有办法展望未来。即便在前方是一片灿烂，他也会因为这些没有必要的内疚而迷失心智，根本走不好自己脚下的路，甚至会被别人的思想所左右，看不清自己的未来究竟是怎样的。

你不是完美的，所以没有必要用完美的眼光来定位自己。在很多时候，会因为外界的一些原因而促使事情发生变化，或许这种变化是你无法预料的，甚至是你无法改变的，这种改变可能会影响到别人的生活和工作，而你完全没有必要因为影响到了别人就埋怨自己、责备自己。这不是你的错，就没有必要让自己负责，更没有必要感到内疚。放自己一马也就是在寻找真正的自我，为自己的人生真正拼搏。

心解小妙招

不要让内心受牵绊

内疚感来源于我们内心深处最脆弱的地方，因为心存善念，但又抵制不了伤害别人的思想和行为，因此总是无端地产生内疚，不明白自己怎么就这样了呢？事实上别人未必真的知道，真的在意。假如这些纠结都不是你做的，也不是你想的，那他一定是不应该出现在你身上的，既然不应该，何故一定要自己牵绊自己呢？

每天做一次总结

一件事情总是想做得尽善尽美，可是有些时候未必能如你所愿，人生在世，难免要经历各种磕磕绊绊，绞尽脑汁地想估计也不明白自己精心安排的计划怎么到时候就泡汤呢？事实上这种问题每个人都会遇到，每天总结，下一次总比这一次顺利，顺利的同时，纠结感也就自然消散了。

不断向别人学习

自我责备不如自我总结，总结以后就不要纠结，该干什么干什么，事情往好的方面做，就越做越好。把该扔掉的毛病扔掉，把别人的好方法记住，不断地向别人学习、讨教。时间长了，自己就跟别人一样了。有句话说，你想成为什么人就和什么人在一起，在一起的目的是为了成长，同时也是让自己在他们的氛围中忘记纠结。

三、抛开异议，走自己的路

谁人背后不被说，谁人背后不说人。别人的非议在所难免，你也无须在意，走自己璀璨的路，让别人胡扯去吧。不要因为别人的评头论足而不敢前进，路是我们自己的，还得我们自己走。我们无法做到人见人爱，并不代表我们不够好，只要问心无愧，只要坚定自己的脚步，就没有什么可以压垮我们。

很多人太在意别人对自己的看法，希望得到所有人的认可，结果平添不少烦恼。我们不能得到所有人的喜爱，无论我们多么努力，都不可能取悦所有人。金无足赤，人无完人，只要我们努力了，无愧于心便可。千万不要因为一些不可为之事而大动干戈，让一些不入耳的声音毁掉了好心情。

萝卜青菜，各有所爱，每个人的喜好不同。苹果富含维生素C，营养丰富，口感宜人。不能因为有人不喜欢吃苹果就说苹果不好，苹果的价值不会因为少数人的贬低就降低。而我们恰恰就是并非人人喜爱的苹果，有自己的优势和骄傲，不因他人的评价好恶而改变。我们要坚定地认识到自己的优势，勇敢地走自己的路，让别人说去吧。

人人都有自己的想法，别人说什么，做什么我们无法控制，我们所能做的就是走好自己的路。与其纠结于别人的话语，不如做好自己。只要我们踏踏实实地做事，老老实地做人，用善良和宽容去对待他人，凡是做到问心无愧就好。我们无法控制别人的好恶，也无需为了自己不能改变的事情而枉费心机。别人愿意怎么评价，只要不犯法违规，就让他们说好了。嘴长在别人身上，我们无权过问，也无需过问，只要我们坚定地走自己的路，别人又奈我何！

自己的路自己选，自己的路自己走，不要总遗憾那条未被选择的路。世界上没有后悔药，人生就是一场环环相扣的大戏，错过了这条路，就再也没有机会回头了。自己的人生之路还得我们自己来走，任由别人言论的摆布，失去走自己的路的权力，我们的人生也就失去了本来的意义。既然我们连自己的人生之路都无权决定，我们还能做什么呢？与其日后遗憾自己没有坚定走自己的路，不如听听自己内心的声音，放下别人的议论，走自己的路，让别人说去吧。

人生在世，要敢于走自己想走的路，做自己想干的事。成大事者，必是那种勇敢地走自己路的人。一个人如果连坚定自己信念的勇气，他也不可能走出精彩的人生，因为他太看重别人的评鉴，反而迷失了自己。成功的人必定是有主见的人，他们敢想敢干，不会在别人的嘴皮子底下找不到北。这样的人才可以准确地定位并坚持自己的人生航向，人生才会真正地掌握在自己的手里，生活才会有自己的韵律。

放开别人的非议，敢为人先，只有敢于做第一个吃螃蟹的人才可以在挑战中脱颖而出，才可能抓住机遇，点亮自己的人生之路。如果你相信自己的路，那就坚定地前进吧。不要因为别人不敢做或者别人没有做就停下自己的脚步，世界上最让人称颂的佳话恰恰是前无古人、后无来者的壮举。你要成全自己，首先就得有勇气做自己，敢于创新，敢于为人先，敢于做前无古人的事。

拥抱自信，走璀璨的路，让别人说去吧。不要因为别人的否定与非议就将自己彻底否定。我们没有办法成为人人都爱的苹果，并不代表苹果不好。先去思考别人的评价，认识到自身的不足就要勇于改正，而若非自己的过失就要坚定地坚持自己的路，自信地继续自己的生活。面对生活中的种种非议与评头论足，我们要坚守着自己的那份自信，勇敢面对。让自信点亮我们的人生之路才能让人生之路布满阳光与希望。

坚定信念，走自己的路，让别人说去吧。面对非议与否定，我们要坚定信念，勇敢坚强地走下去，不要因为他人的否定就放弃自己的选择。人生没有多少机会洗牌，一味地关注别人的评论无法坚定自己的人生之路，频繁洗牌，很多时候也只能使手中的牌越来越烂。有信念的支撑，即便别人说不可能，我们都不会被动摇，踏踏实实地走好自己的路。哪怕一路上有别人的冷嘲热讽，荆棘坎坷，只要我们可以坚定自己的信念，勇敢坚强地走好自己的路，我们就有机会过上我们想要的生活。

相邻的两座山上的寺庙里住着两位和尚，一个叫比丘，一个叫沙门。因为所在的寺庙里都没有水井，比丘和沙门每天必须下山挑水。

比丘和沙门经常在同一时间去山间的一条小溪边挑水，每次见面，两人都会聊上一会儿。有一天，比丘对沙门说：“我准备在寺庙里挖一口井，那样我就不用每天来挑水了。”沙门听后直摇头，嘲笑道：“挖一口井？你还是别做梦了。”

这样日复一日，他们已渐渐地习惯了每天在小溪边见面。突然有一天，沙门没有看到比丘下山来挑水，不过他并没有过多地在意，他想也许是比丘有什么事给耽误了。谁知第二天，比丘仍然没出现，第三天也一样。就这样过了一个星期，沙门再也坐不住了，他心想，难道自己的老朋友出什么事了？于是到比丘所在的寺院一看究竟。

沙门来到了比丘所在的寺庙，发现比丘没什么异样，正在佛祖面前念经。沙门好奇地问比丘："你已经一个星期没有下山挑水了吧。"比丘笑着回答："是的，因为我已经不用挑水了。"沙门更加疑惑了，问道："怎么可能不用挑水了呢？难道你可以不必喝水吗？"

于是，比丘将沙门带到寺庙的后院，指着一口水井说："你大概早已忘记我说过要挖一口井的话了，但是我一直记得。这5年来，我每天念完经后都会抽时间来挖这口井。虽然我们现在年轻力壮，还可以自己挑水喝，但当我们年迈走不动的时候，还能自己挑水喝吗？又会有谁为我们挑水喝？所以，我一直坚持这个挖井计划。现在终于成功了，我不必再下山挑水就有更多的修炼时间。"

比丘没有因为沙门的一句嘲讽而放弃自己的挖井计划，终于挖井成功，既不必再下山挑水，又可以有更多的时间修炼，一举多得。生活中，我们也会遇到像沙门这样的人，对我们的计划梦想产生质疑，我们若在质疑和否定声中对自己失去信心，对计划和梦想失去激情，我们就不可能像比丘那样拥有自己的一口水井。你的人生之路需要你自己的坚持与主见，只要你自己敢想敢干，别人的言论也不会对你产生实质性的影响。

走自己璀璨的路，让别人说去吧，这也并非是不听他人的建议与意见，而是要坚定自己的立场，不做墙头两边倒的草，而是要找到适合自己的路，敢于不走寻常路。找到适合自己的路就勇敢坚定地走下去，不去管他人说三道四，无论这一路遇到多大的困难与阻碍，只要是自己认准的路，那就勇敢地走下去吧。保剑锋从磨砺出，梅花香自苦寒来，只要你坚定地走好自己的路，你就是生活中的强者。

心解小妙招

看到别人的好

每个人都有一条星光大道，这种星光是一种气场，你想成为什么样的人就会不断地去感召他们身上的气场、他们的内心和行为。把好的留住，不好的忘记，永远看别人的好，你就越来越好，不过问别人的不好，别人也不会把不好的给你。这个世界总有这么一些人还不能管住自己的嘴巴，没事的时候不过问这些，一定要听就反过来听，看看自己有没有这样的毛病，有就偷偷地给改了，剩下的谁爱说什么就说什么吧。

相信自己是“金子”

这个世界上是金子的总会发光，你埋在地里面那叫深藏不露，你放在明面上那叫万丈金光，你来到谁家，那叫蓬荜生辉。总而言之，只要你觉得自己是金子，那就去绽放你自己的璀璨，你想成就什么，天都会帮助你。时间每时每刻都是宝贵的，别人有时间胡扯，你没有，记住，你是金子。

用平和的心态面对自己

生活是需要希望的，而希望是我们自己总想着它会好的，你总想着它好，它会有感应的，时间长了它就好了，你觉得它不好，它就不好了。再时间长了，它自己就会走到另一个不尽如人意的境地。一切都在于你的心怎么想。用善良的一面去面对别人，用真诚的心灵看待世界，用平和的心态面对自己，剩下的都不用管，走自己的路，让别人说去吧。

四、不论何时，都要有自己的思想

你是傻人还是聪明人呢？在生活中，当你想要去做一件事情的时候，是不是会遇到很多障碍呢？又比如，你看到一件美丽的东西，想要通过自己的努力去得到他，而此时你的身边时不时有反对的声音呢？你生存在这个世界上势必会受到别人思想的影响，这并不是最可怕的事情，最可怕的是你的思想完全被别人控制。

没有人知道生活究竟是好是坏，但是只要你敢于去挑战自己，那么自己的生活就不会变得枯燥无味。但凡是觉得自己的生活没有意义的人，多半是失去了自己的思想，多半是受到别人思想的影响或是制约，如果一旦人们的思想被别人占用，那么通常找不到自己前进的动力，如果你希望自己的生活变得有趣起来，那么千万不要让对方控制你的思想，你也不要成为对方的“傀儡”。

在生活中经常会听到这样的话：“我觉得他说得都对，按照他说的做事情才能够实现自己的价值。”很多人甘愿被人洗脑，似乎洗脑之后自己的思维变得更加简单了，也不用随时按照别人的思想做事情了，这个时候别人的思维会主宰你的人生，如果你甘愿将自己的命运交给别人，那么最终你会迷失自我，不知道自己究竟想要什么。

王婕妤本来在一家公司当文员，每天要做的工作就是帮总经理写报告，帮别人做一些文字处理等简单的工作，这让他觉得自己的生活很简单，如果没有别人的指示，她也就是闲着玩儿电脑，这样看似轻松的工作却让她感受不到生活的任何意义。

一次，她参加大学同学聚会，发现身边的很多同学都已经有了自己的事业，即便是给别人打工的也比自己工作得有意义，收入也高，这让她更觉得自己的工作没有前途，但是如果自己辞职了，那还能做什么工作呢？她将自己的观点告诉了朋友小薇，小薇在保险公司的售后服务部工作，此时，小薇将自己的工作大大地夸奖了一番，还对王婕妤说希望她能来自己的部门工作，这样两个人也就有了照应。听了小薇的话，王婕妤也觉得保险行业是不错的行业，她会有很好的发展前途，很快她就辞了职，到保险公司上班了。王婕妤以为这是一个好的开始，但是没想到过了三个月自己实在是做不下去这项工作了，原因很简单，自己平时很少与人交际，本来交际能力就很差，现在工作的主要任务就是要跟客户商谈，这是自己的弱点，最终她只能够放弃这份工作，另选择出路了。

每个人的生活都是不一样的，不管在什么时候都不要被别人的思想左右。如果你真的想要实现自己的理想，那么不妨主动地去思考自己的出路，也许只有这样你才能够过上自己想要的生活。在日常生活中，你所需要的不是别人的思想，而是拥有自己做事情的思路，也许只有这样你才能够真正地拥有属于自己的本领，最终得到别人得不到的东西。

人与人所需要的东西是不一样的，所有的路也不一定要相同，你完全没有必要走别人走的路，在你要向前漫步的时候，需要的仅仅是认清自己、了解自己、看透自己。当你真正地认知自我之后，你需要的便能够一一实现，在你实现之后，你最终拥有的也就能够得到。每个人都要按照自身的特点做事情，如果你想要很好地实现自己的目标，首先要做的就是认清自己的优劣，克服自己的缺点，完善自我，只有这样你才能够避免被别人的思想所左右。

在这个大千世界里你千万不要期望别人代替自己做任何的事情，如果是你自己的事情，那么不妨自己去完成，如果你总是依赖别人，最终你会发现别人的思想已经左右了自己，自己也就无法实现自己的理想了。每个人的生活都是不一样的，即便是再不一样的生命，也是需要不断地去奋斗的，如果你放弃了自己奋斗的勇气，甘愿被人洗脑，最终失去的不仅仅是未来，还会失去现在。

为什么要按照别人的思路做事情呢？这些事情是你想做的吗？这些事情适合你吗？或许你从来不会去问这些事情，又或许你从来不会去担心这些事情，如果你甘愿为这些事情付出自己所有的心血，最终真的会一无所获，原因很简单，你的思想被别人左右，别人成了你生命的主宰，你根本不会真正地认识自己，更不会试图去挖掘自己的潜能。生活是截然不同的，不管是什么样的生活，我们都需要积极地付出自己的努力，所有说你需要的是认知自我、做好自己，最终按照自己的意愿做事，千万不要被别人的思维左右，更不要让自己的生命为别人的思想“埋单”，要记住，命运掌握在自己手中，不需要别人指手画脚。

心解小妙招

有自己的思想，自己解决问题

现代社会，我们都习惯了受制于人，我们都习惯了在上司的领导下机械地做每一件事情，日复一日，我们的思想慢慢流失，当有一天我们回过头来看自己的时候，我们的大脑一片空白，除了那些已完成的和即将完成的工作，我们给自己留不下任何可以回忆的东西。所以，我们要有自己的思想，我们要学会用自己的方式去思考问题、解决问题。当我们用自己的而非别人的方式解决了一个问题，那种成就感是难以言语的。

五、抛弃抱怨与不满，迎接生命的春天

在生活中，经常有人在抱怨生活，抱怨社会，他们对社会产生不满，社会在他们的口中是那么地不堪，他们急于改变现状，但又没能力来改变这一切。

在当今社会中，人们面临的压力越来越大，人与人之间似乎也变得少了很多美好，越来越多的人会觉得自己的生活不尽如人意，觉得社会变得十分黑暗，他们不再相信社会，变得不再去适应社会，即使你是这样的人，只要相信自己，做回自己，也能够看到自己生命中的春天，也会变得幸福快乐。

很多人都在抱怨自己的生活或者是工作，他们都在追求美好的东西，但是也不忘看那些不美的东西，在看到这些东西的时候，往往会觉得自己的生活成为了负担，自己的生命变得简单。在生活中，每个人都需要尽力实现自己的梦想，如果你不能够去完成自己的心愿，最终你也将会失去自我，在日常生活中，我们需要的不仅仅是面对一切，更多的是面对我们的未来，即便你是愤青，只要你敢于面对现实生活，你也能够看到美好的未来。

李晓娜大学毕业后进入了一家外企，在外企的工作压力比较大，不仅仅是来自工作上的压力，更多的是来自同事之间的压力，在面对压力的时候，她总是在会肆无忌惮地表达自己的想法和不满。一次，因为同事的“暗害”，她失去了晋升机会，虽然当时她感到十分难过，也抱怨了许久，最终还是决定继续努力，她不信自己的努力会这样白白浪费，经过半年的努力，她终于得到了上司的认可，不仅升职了，还加了薪。

生活中不如意的事情十有八九，如果一个人能够认清这一切，并继续付出自己的努力，用积极的态度去面对一切，那么就一定会实现自己的理想和愿望。即便你遭到不公平的待遇，只要你敢于放下眼前的不满，面对现实，那么最终你一样能够得到你想要的东西。生活总是与众不同的，在生活中，我们每个人不仅要学会如何去面对现实，更应该学会如何来实现现实，生活在这个世界中的人需要的并不是简单地应付世界，而是要用心去经营生活，只要你肯用心经营，最终你就能够得到你想要的一切。

生命到底有多么短暂呢？你可曾问过自己这个问题，当你意识到生命的短暂时，即便你对自己的生命充满了讥讽，即便你发现自己的生命变得足够空洞，最终你会发现自己拥有的不过是这些东西，自己的未来还是需要付出努力的，只要自己敢去努力，那么一切都有可能。

人贵自知，一个人最珍贵的不是了解别人，而是要认清自己，在日常生活中如果你能够认清自己，那么自然就是难能可贵的，当你真正认识了自己，那么最终你会发现自己成功的机会有很多，会发现自己最终会变得十分快乐。每个人的人生都是不一样的，当你真正地了解到这一点，你想要实现自己的理想，必然需要认清自我、避免缺点、完善自我，达到极致。

你生下来不可能就拥有所有的东西，更何况很多东西是你这辈子都不可能拥有的，如果你真的想要拥有自己想要的东西，就应该大胆地去面对现实，即便成了愤青也无所谓，起码愤青们都是敢于面对现实的，即便现实过于残酷，他们也不会逃避。当你站在现实面前时，你会发现自己已经战胜了自己，成功的未来也不难实现。

当你对自己的生活产生不满时，你会感受到自己的生活变得十分枯燥。在日常生活中，我们每个人都需要积极地去实现自己的理想，即便你对自己的理想认识得还不够，那么也不要放弃，只要不放弃，便有机会改变这一切，终有一天你也会看到美好的未来。

心解小妙招

付出自己的努力

在现实生活中，很多人可能会因为一次失败而对自己失去信心，或者是对某些人失去信心，这个时候很可能会产生抱怨之情，甚至是失望之情。如果在这个时候，你能够正确地认识自己，对自己进行客观地分析，那就会发现自己失败的原因，最终你也就能够找到正确的道路，如果你能够真正地去付出自己的努力，最终你会发现自己的成功已经不是一件难事，你会对自己的未来重新抱有希望，不至于被暂时的失败击垮。

有面对生活的勇气

生活需要勇者，如果你有勇气去面对一切，那么最终你就能够实现自己的理想和愿望，如果你不敢去面对这些，最终你也不会拥有自己的理想。在这个现实生活中，每个人都需要面对自己，面对社会，如果你是勇者，自然是不会惧怕生活的，你可以去抱怨生活，可以对生活充满气氛，但是绝对不要去逃避生活，因为逃避生活就是对人生的不负责，你对自己的人生都不能够负责，那么你还会对什么负责呢？

第八章 开解心结的法则：回归平静的世界——宁静、释然

喧嚣、喧嚣、还是喧嚣，这个世界存在着诸多的不太平，但是也不完全沉浸在躁动和喧闹之中。当看惯了外面的车水马龙，习惯了生活中的尔虞我诈，此时只希望自己的内心能够摆脱纷纷扰扰的纠结，回归到已经平静而自然的生活中去。其实，人生这辈子，钱固然是重要的，物质也是必须有的，但当我们尝试着放下一切，享受生活，感受人生，那么生活就会赋予你别样的状态和色彩，而你的心灵也就因此重新回到了健康的轨道而变得清澈、宁静、释然。

一、积极心态的力量

我们知道，带着爱、希望和鼓励的积极心态往往能将一个人提升到更高的境界；我们也知道，生活是一面镜子，你对它哭，它就哭，你对它笑，它就笑。所以说，人生中所谓的宿命其实是我们自己决定的。要想得到一个成功的人生，就要掌控好人生的掌舵手——心态。心态积极，才能朝既定的目标风雨兼程，努力跋涉；心态积极，才能在一次次的跌倒后重新爬起，给生活一个灿烂而坚定的微笑；心态积极，才能开创人生新格局，尽览成功的壮美风光。

曾经有一位明显年长于其他选手的美国世界冠军热泪盈眶地站在领奖台上，看着星条旗冉冉上升，听着美国国歌响起，颈上挂着令人骄傲的金牌，人们纷纷为之欢欣鼓舞。可是，也许谁也没有想到他是凭着怎样积极的心态、克服年龄的缺陷，一步一步地将梦想化为胜利的。

早在守着电视看奥运竞赛的年纪，他的心中就充满了梦想，要成为一个世界冠军。在1984年，一个机会出现了。他在他擅长的项目中成为全世界最优秀的游泳者，但在那一届的奥运会上，却只拿了亚军，与最高领奖台失之交臂。然而他继续坚持不懈地努力。但是到了下一届的夏季奥运会上，他居然在预选赛时就遗憾地被淘汰了。跟大多数人一样，他变得很沮丧，把这份梦想深埋在心中，跑去自己的家乡上律师学校。有三年的时间，他很少游泳。可是心中的冠军的理想，这份强烈的渴望之情却从未就此熄灭。

离1992年夏季奥运会不到一年的时间，他决定再给自己一次机会。在这项属于年轻人的游泳赛中，他克服了自己作为高龄选手的体力、心理等一系列困难，全身心地投入到训练中。对他而言，这也是人生中一段悲伤艰难的时刻，因为他的母亲因癌症而去世。然而，母亲的离去非但没有打倒他，反而为他注入了一剂强心针，使他更充满了胜利的力量与信心。他不仅成为美国代表队成员，还赢得了初赛。然而初赛成绩并未让他满意——他的纪录比世界纪录慢了一秒多。他鼓足了一口气，一定要在决赛上一鸣惊人！

于是，她不停地训练，仔细地规划赛程。他放平心态，调整好一切心理准备，他相信自己一定能到达自己的巅峰。

终于，那一天，所有的努力、汗水与不懈的付出有了回报。欢乐、泪水与荣耀足以说明一切。

我们在钦佩他的同时，是否应该从他身上学到一些什么？他的毅力，对理想的不懈追求，在最后关键时刻的积极平和的心态，难道不是他把握自己人生成功的金钥匙吗？

生活中，我们每个人在好坏状态之间进进出出。你是否有过进了一家餐厅，服务员不耐烦地招待你的经验？你或许很气愤，想一走了之，可是你是否也应该想到有可能是她的生活困顿，使她有这副态度，但更可能是她忙了一整天去招呼客人，再加上几个客人刁难她的缘故。其实她也并不想如此，只不过是处在颓丧的心情罢了。如果你能改变她的心态，就能改变她的态度，就能使他一天的工作发生质的转变。

或许我们每个人也都有这样的经历：看着奥运会上的运动健儿们面对着紧张激烈的比赛，表现出超乎常人的冷静与沉着，心无旁骛地达到最佳状态，取得令人羡慕的佳绩，觉得他们简直是太鼓舞人心了！当然，也有因承受不了巨大的压力而功败垂成的，这不禁令人扼腕叹息。这种强烈的反差其实每天都在我们身边不停地重演，只是奥运赛场将它扩大了。

在生活中，我们都会有像射箭手一样要一箭射中靶心、像足球运动员一样要临门一脚定乾坤的关键时刻，若是能以积极、平和的心态对待，即使你的实力还不够，都可以大大加重你成功的砝码；若是以消极或不够成熟的心态对待，即便你平时在练习中百发百中，在这个真正重要的时刻也很有可能失去一切。

积极的心态能发挥一个人的潜能，能吸引财富、成功、快乐和健康；反之，消极的心态则会夺走生活中的一切，它使人终身陷在谷底，即使爬到了巅峰，也会被它拖下来。每个人都渴望自己的人生中充满自信、希望，生活过得充实而幸福，没有人会愿意过一种悲观而了无生趣的人生，而事实上我们自己是可以把握的。

在此，我们强调积极心态的重要性，并不是否定实力的重要性。实力是成功与否的内因，而心态则是重要的外因。我们在一项任务刚开始时的心态决定了最后能取得多大的成功，这比任何其他外因都重要。如果上帝对你关上了一扇门，他一定会在另一处为你打开一扇窗户。积极地把握好自己的心态，你才能成功地把握好你的人生。

有位秀才第三次进京赶考，还是在前两次赶考时所住的那个旅店里住下。就在马上要开始考试的三天前，他连续做了三个梦：第一个是梦到自己在一座深宅大院的高墙上种白菜；第二个梦是他在下雨天里戴了个斗笠，同时还打了一把伞；第三个是梦到他和心爱的表姐都把衣服脱光了，背靠背地躺在一起。

这三个梦让秀才感到颇为蹊跷，第二天就赶紧找了个算命先生来解梦。谁知算命先生一听，大呼道："唉！你还是回家得了吧！"

秀才不解，忙询问原因。算命先生说："你想想，在高墙上种白菜，这寓意不是白费劲吗？下雨天，已经戴了斗笠却还要打着雨伞，不是多此一举吗？跟表姐都脱得光光地躺在一张床上，可姿势却是背靠背，这不明摆着是说没戏吗？"

秀才一听，心里凉了大半，回到旅店便收拾包袱准备回家。

店老板感到十分奇怪，问道："你不是明天要参加考试吗，怎么现在就要走？"

秀才把自己做的三个梦和算命先生的解梦一五一十地和店老板说了，店老板听了哈哈大笑起来："原来如此呀，但是我也会解梦，你想不想听听呀？"

秀才点了点头。店老板说："我倒认为这是个好梦，你这次一定不能走，要去好好参加考试。你想想，高墙上种白菜，那不就是高种的意思吗？戴斗笠还打伞，难道不是意味着你这次是有备无患吗？跟你表姐脱光了背靠背躺在床上，不正是说明你只要一翻身就可以得到了吗？"

秀才感觉店老板说得很有道理，于是便精神振奋地去参加了考试，结果中了个探花。

积极的人像太阳，光照到一个地方，这里就会发亮；消极的人像月亮，阴晴圆缺随时变。想法决定我们的生活，有什么样的想法，就有什么样的未来。

当以另一种心态去面对现实、看待世界时，我们就会有另一番感受。何必让自己的心时刻处在阴晦之中呢？给自己的心灵打开一扇窗，让阳光普照进来。当明媚的阳光抚摸内心时，我们会有一种异样的感觉，那就是阳光心态。拥有它，即使在苦闷失落中，也不会迷失自己。

开解心结小妙招

我们的心态是我们惟一能够完全掌握的东西，学会控制心态，并且利用积极的因素来引导它，切断和过去所有消极经历的关系，消除脑海中所有和积极心态背道而驰的不良因素。培养积极心态，具体可以从以下几方面做起：

选择积极的环境

人们常用“近朱者赤，近墨者黑”来形容环境对一个人的巨大影响。积极的环境更容易使人成功。和优秀的人在一起，你也会变得优秀。当你遇到挫折时，他会安慰你，帮你找原因，最终帮你走向成功。当你因为成功而沾沾自喜时，他会提醒你，这只是万里长征的第一步，未来的路还很长，人生的意义在于不断地自我超越。

勇于创新

创新不仅要靠能力，更要靠心态。抱有积极心态的人时刻在寻找机会，灵感随时会光顾他们的大脑，因为他们总是很积极，相信有奇迹发生，并敢于尝试，对他们来说，生活的点点滴滴都充满了机会。无论是牛顿从苹果落地中发现万有引力，还是瓦特受蒸汽顶起壶盖的启发发明蒸汽机，无不是从日常生活司空见惯的现象中获得的灵感，如果他们不是对未来充满美好的憧憬，无论如何也不会有如此重大的发现。

用信心感染别人

积极的环境造就积极的心态，拥有积极心态的人更容易获得成功。和这样的人生活在一起，你会不自觉地变得积极起来，无论是言行举止还是看问题的角度，都会发生变化。你会感觉人生很美好，成功近在咫尺，长期如此，会形成一个良性循环，影响更多的人，进而影响整个社会。

处理好生活中的每件小事

“冰冻三尺，非一日之寒。”有些人之所以情绪低落，心态消极，是因为没有处理好日常生活中的小事，挫败感不断累积，最终形成心理压力，对自己彻底失去了信心。所以生活中凡是能够做好的事情，一定做到最好，给自己一种满足感，久而久之会形成一种成就感，这样即便将来面临什么棘手的事情，你也会信心十足地去面对。

二、发掘人性的优点

面对瞬息万变的世界，人们的生活方式、职业生涯等也变幻莫测，很多人面对现实无所适从，充满迷茫，逐渐变得冷漠、消极，他们思考着究竟如何才能立足于这个充满竞争的世界？究竟怎样才能获得成功？理想的人生又该是什么样子的？不妨试着发掘出人性中的优点，也许你就会发现不一样的自己，就能因此而改变现状，不断走向成功。

郊区的一间小茅屋里，一家三口正坐在一起准备吃晚餐。他们的粮食已经不多了，干净的旧木桌上只放着几个馒头，这就是他们全部的晚餐。

“咚!咚!咚!”有人在敲门。女主人打开门一看，只见三个年轻的陌生人站在门口，一副风尘仆仆的样子。她礼貌地打招呼：“请问你们找谁啊？”

“你家男主人在吗？”三个年轻人问。

“在呀!”

“事情是这样的。”一个年轻人开口说道，“上帝知道你们是一个幸福的家庭，听说你们的生活遇到了困难，特地派我们来帮助你们。”

年轻人接着说：“我叫成功，另外两个叫爱和财富。在我们三个之间，你们只能选择一个，而且只有一次机会。”

屋里的男主人听见了他们的谈话，惊喜地叫了起来：“快，我们就把财富请进来吧。”

女主人反对：“亲爱的，为什么我们不选择成功呢？有了成功，就有鲜花和掌声，就有了一切。”

这时，坐在桌子旁边的小男孩开口了：“爸爸妈妈，我们还是把爱请进来吧!有了爱，我们不就更加幸福了吗？”

夫妻俩相互看了一眼，觉得儿子的话很有道理：“对!我们还是决定把爱请进来吧!”

奇怪的是：等爱走进门的时候，财富和成功也跟了进来。

女人疑惑地看着他们：“我们只说把爱请进来，你们怎么都进来了？”

三个年轻人异口同声地回答道：“爱出现在哪里，哪里就少不了财富和成功的忠实相伴。这就是上帝的旨意!”

爱是人性中最为光亮的部分，爱是滋养人性的源泉，从中可以滋生出一切美好的东西。拥有了爱就等于拥有了打开通向天堂大门的金钥匙，善用它，一切都会伴之而生，比如说财富、成功、机遇等。很多人总是想着千方百计地得到财富和成功，把爱拒之于千里之外，最后却什么也没得到。爱荒芜的地方，连爱都不拥有的人，财富和成功还会降临吗？上帝给每一个人选择的机会仅有一次，选错了，所有的一切都会错过。

寒冷的街头，一个衣着破烂的丹麦小女孩站在一家蛋糕店的门前，看着橱窗里的大蛋糕，眼睛都直了。她已经在寒风里站了很久，还是没有离去。

这时，蛋糕店的门被推开了，走出了一个漂亮的女店员。她问门前的小女孩："小妹妹，你是在这里等人吗？天快黑了，还是赶紧回家吧!"

"不，我是在向上帝祷告，请他赐给我一块又漂亮又美味的大蛋糕。"小女孩认真地抬起头问："姐姐，你说上帝能够听见我的请求吗？"

"会的!"女职员认真地点点头，接着，她把小女孩带进了蛋糕店。小女孩看着五颜六色的蛋糕和光亮的蜡烛，一脸的羡慕与陶醉。

一会儿，女职员端来了一盆热水，拿了一条毛巾。她把小女孩带到一边，开始给小女孩洗手洗脸。小女孩的脸已经在外面被寒风冻得通红，她睁着一双大眼睛看着这位女职员在她身边忙着，一脸的疑惑。

到了最后，女职员用碟子端来一块大蛋糕，上面放着许多亮晶晶的果仁。小女孩迟疑地接过了大蛋糕，看了看女职员，眼眶里蓄满了泪水。

女职员对着小女孩笑了笑，说："小妹妹，还有什么需要吗？"

"我可以吻你一下吗？"小女孩亲了一下女职员，俯在她的耳边轻轻地问了一句："姐姐，你是上帝的妻子吗？"

有时，一个小小的善举就可以让你成为拯救他人于苦难的上帝。只要我们拥有仁爱之心，用自己的行动去关爱周围的人，就会发现自己变得更加充实，内心无比快乐。

一只老鼠路过一片森林时，不小心掉进了一个深深的水坑里，怎么也爬不上来。它吱吱地叫着，可是谁也听不见。可怜的老鼠心想，这个水坑大概就是自己的坟墓了。

正在这时，一只大象经过这里，救了老鼠。

“谢谢你，大象。你救了我的命，我一定会报答你。”

大象笑着说：“你一只小老鼠怎么报答我呢？”

没多久，大象不幸被猎人捉住了。猎人们用绳子把大象捆了起来，准备等天亮后运走。大象伤心地躺在地上，无论怎么挣扎，也无法把绳子扯断。

这时，小老鼠突然出现了，它开始咬大象脚上的绳子，终于在天亮前咬断了绳子。

“你看到了吧，一只小老鼠也有派上用场的时候!”小老鼠对重获自由的大象说。

事不关己，高高挂起，这其实是一种自私的行为，无形之中切断了自己的退路，因为人与人之间是相互关联的，有着密切的联系，自私就是孤立自身。在别人遇到危难时，予以漠视是人应该摒弃的一种行为。其实帮助别人也可以有一份不一样的收获，当你身陷困境时，你会发现，向你伸出援助之手的往往是你曾经帮助过的人。所以，发掘你的善良吧，用善良之心对待别人，因为行善也是在为自己积德，日后必能有所收获。即使对待曾经伤害过自己的人，如果能够秉着宽容之心，用宽广的胸怀去包容，不计前嫌，在他遇到困难时给予关怀和帮助，那便是人之大德。

从前有一个富翁，他有三个儿子，在他年事已高的时候，富翁决定把自己的财产全部留给三个儿子中的一个。可是，到底要把财产留给哪一个儿子呢？富翁想出了一个办法：他要三个儿子都花一年时间去游历世界，回来之后看谁做了最高尚的事情，谁就是财产的继承者。

一年时间很快就过去了，三个儿子陆续回到家中，富翁要三个人都讲一讲自己的经历。大儿子得意地说："我在游历世界的时候，遇到了一个陌生人，他十分信任我，把一袋金币交给我保管，可是那个人却意外去世了，我就把那袋金币原封不动地交还给了他的家人。"

二儿子自信地说："当我旅行到一个贫穷落后的村落时，看到一个可怜的小乞丐不幸掉到湖里了，我立即跳下马，从河里把他救了起来，并留给他一笔钱。"

三儿子犹豫地说："我，我没有遇到两个哥哥碰到的那种事，在我旅行的时候遇到了一个人，他很想得到我的钱袋，一路上千方百计地害我，我差点死在他手上。可是有一天我经过悬崖边，看到那个人正在悬崖边的一棵树下睡觉，当时我只要抬一抬脚就可以轻松地把他踢到悬崖下，但我想了想，觉得不能这么做，正打算走，又担心他一翻身掉下悬崖，就叫醒了他，然后继续赶路了。这实在算不了什么有意义的经历。"

富翁听完三个儿子的话，点了点头说道："诚实、见义勇为是一个人应有的品质，称不上是高尚。有机会报仇却放弃，反而帮助自己的仇人脱离危险的宽容之心才是最高尚的。我的全部财产都是老三的了。"

宽容是一笔巨额的财富，是至善人性达到的一种境界，是人性之花历经沧桑之后依然盛开的那份通透与恬然。

活在仇恨里的人是愚蠢的。你在憎恨别人时，心里总是愤愤不平，希望别人遭到不幸、惩罚，却又往往不能如愿，失望、莫名的烦躁之后，你便失去了往日那轻松的心境和欢快的情绪，从而使心理失衡；另一方面，在憎恨别人时，由于疏远别人，只看到别人的短处，在言语上贬低别人、在行动上敌视别人，结果使人际关系越来越僵，以致树敌为仇。宽容地帮助曾经伤害过你的人才不失为人生的大智慧，以德化怨，春风化雨，是成熟人性臻至化境的象征，宽容的人生收获的必是满城桃李。

开解心结小妙招

拒绝忧虑

聪明人把精力放在该做的事上，而不是整天背着忧虑的包袱，使自己怯于前进，而且神经紧张，完全丧失了做事的精力。把时间花在解决问题上，而不是后悔和忧虑上，也不要为明天忧虑，今天才是我们最值得珍惜的，也是我们唯一能真正把握的。

保持活力

清醒的头脑是走向成功的资本，如果能使自己保持充沛的活力，便能为迈向成功提供源源不断的能量。那么，从现在开始，保证健康的饮食、充足的睡眠时间、经常锻炼身体，这都是在为你的身体积攒活力。

永远快乐

不论做什么事情，如果你带着积极的、快乐的心态去面对，就能给自己乐观的心理暗示，那事情会一直朝着好的方向发展。反之，消极对待只能让事情越来越糟。所以，请永远保持快乐的心情，让你的每一天都活在阳光里，通向成功的大道必然是光明的。

三、挑战人性的弱点

人们通常可以理性地感知事物，但却很难理性地认识自己。我们往往喜欢夸大自己的优点，而不乐于去发现自己的不足。不能正确地认识并认清自己，必然对自己无法定位，使心中茫然，遇事盲目。不能发现并挑战自己人性中的弱点，你的人生之路一定不会一帆风顺。让我们重新认知自己，挑战人性的弱点，不断走向成功。

我们一生都在苦苦地探寻成功之路，其过程极为复杂，也颇多纠结，因为人们往往只看到自己的优点，而忽视自己的弱点。对理想的追求和对现实的感悟并不一定需要多么高深的学问或多么丰富的经验，而最重要的是认识自我，了解自己的弱点，并不断克服、挑战，才能一步步向自己的目标迈进。

一个年轻人十分希望自己能在社会上取得一番不凡的成就，但他屡屡碰壁，一事无成。于是，他来到一个富翁的家里，向对方请教成功的诀窍。

富翁弄清楚了青年的来意后，什么也没有说，只是转身从厨房拿来了一个大西瓜。年轻人有些迷惑不解，不明白富翁要做什么，只是睁大眼睛看着富翁把西瓜切成了大小不等的三块。

“如果每块西瓜代表一定的利益，你会如何选择呢？”富翁一边说一边把西瓜放在年轻人面前。

“当然选择最大的那块。”年轻人毫不犹豫地回答。

富翁笑了笑说：“那好，请用吧!”

于是富翁把最大的那块西瓜递给了年轻人，自己却吃起了最小的那块。当年轻人还在津津有味地享用最大的那一块时，富翁已经吃完了最小的那一块；接着，富翁很得意地拿起了剩下的一块，还故意在年轻人眼前晃了晃，然后又大口吃了起来。

其实，那块最小的和最后那一块加起来要比最大的那一块分量大得多。年轻人马上就明白了富翁的意思：富翁开始吃的那块西瓜虽然没有自己吃的那块大，可是最后却比自己吃得多。如果每块西瓜代表一定程度的利益，那么富翁赢得的利益自然要比自己的多。

最后，富翁对年轻人语重心长地说：“只有放弃眼前的小利益，才能获得长远的大利益，这就是真正的成功之道。”

急功近利是人性的弱点。许多人贪图小便宜，往往为眼前的小利益而迷惑，殊不知在得到的同时却往往失去了更多。生活中，我们常常被眼前利益的绚丽外表蒙住了双眼，宁愿一直低头享受那片刻的短暂欢愉，也不肯抬起头望望远方，去寻找更大的空间。只为眼前利益的人，受人性所限，只会陷入庸人自扰的无边烦恼；惟有立足长远的人，才能突破人性的瓶颈，活出智慧人生。

有一个老乞丐正背着他破旧的、打满了补丁的袋子沿街乞讨。

当走到一户富人家的窗下时，老乞丐感到疲惫极了，于是，他就坐下来休息一会儿。老乞丐闻到从富人窗户飘出的饭菜香味，他使劲地咽了一口唾沫，他多么渴望也能美美地吃上那样的一顿大餐。然而，事实上他却只能坐在窗外闻着香味咽口水，这不禁使老乞丐又抱怨起上天对自己命运的不公平来，他自言自语道："这个世界上奇怪的事情这么多——有的人受饥挨冻，有的人却锦衣玉食，生活美满幸福。穷人渴望财富，而富人却又不知满足，明明自己家的钱库里装满了金币、银币，他们却仍源源不断地往家里弄钱，甚至不择手段地攫取新的财富。我乞讨了四十年，这种事情见到的可不少，这座房子原来的主人我就认识，本来他做生意，发了一笔横财，可是他却不知足，把自己的产业卖给了一个外姓人，自己却在第二年春季的时候非要去出海航行，说什么海那边有一个国家遍地堆的都是如山高的黄金。结果怎么样呢？他遇到风暴，丢了财物又丢了性命。我还认识他的一个亲戚，是承包商，也曾经发过财，拥有过百万的家产，结果也是为了捞取更多的金币，最后破了产，落得像我一样沿街乞讨。唉!这些人就是太贪心，越有钱越贪心!人什么时候才能知道满足啊!神啊，我们的命运都掌握在你的手中，你可以把财富赐予那些知道满足的人嘛。像我一样的穷人最知道感激和适可而止了，唉!"

然而，这时命运女神正好路过，她听到了老乞丐的话，也看清楚了他的情况，就现身在老乞丐的面前，对乞丐说："听着，老乞丐，其实我很想帮助你，还有那些和你有着一样境遇的人。现在你跟我来吧，拿着你的口袋，我可以给你金币，不过，你得注意一点，我把金币撒下来，你用你的袋子接住，如果落到口袋里了，就是金币，但如果落到地上，金币就会变成垃圾，我现在先告诉你，你的口袋已经很破旧了，还有那么多补丁，你一定要适可而止，不可贪心，不要企图把所有的金币都装到你的袋子里去，好吗？”

“好的，好的，我一定不会像他们那样贪得无厌的，你放心吧。”老乞丐赶忙回答说。“好，那你随我来吧。”于是，老乞丐跟随命运女神来到一个僻静处，命运女神一施法，金币就像雨点似地落下来，金灿灿的金币晃得老乞丐眼睛都痛了，他觉得像在梦里似的，他高兴得喘不过气来，好一会儿，才想起拿他的口袋去接。果然，黄灿灿、沉甸甸的金币落到了袋子里，而落到地上的都变成了垃圾。老乞丐心疼极了，他痛恨自己的口袋为什么这么小，他把口袋里接满了金币，却还敞着口袋，要接更多的金币。命运女神问他：“够了吗？”“还不够，”老乞丐兴奋地回答她，“再来点。”

“袋子快要撑破了!”

“没关系，破不了，结实着呢。”

命运女神有些不高兴了，她沉下脸来，对老乞丐说：“瞧，这么多金币，你已经是世界上少有的富人了。”

“不怕，再来一些，再来两个金币也行。”老乞丐兴奋得有些过头了。

“还装，你看你的袋子马上就要撑破了。”命运女神指着口袋对老乞丐说。

“没关系的，你再来一些吧，哪怕再来几个金币呢？”

话刚说完，只听得“嘶啦”一声，口袋裂了，金币纷纷落到地上，立刻变成了一堆毫无价值的垃圾了。老乞丐呆了，他想赶快把金币捡起来，却已经太迟了，他转过身，想求助于命运女神，呵，哪里还有命运女神的影子，眼前所有的，只剩下他的破口袋和一堆垃圾。

当局者迷，旁观者清。对于人性的弱点，每个人都有足够的了解，而一旦置身其中选择取舍时往往就不是那么一回事了。这不是“不识庐山真面目，只因身在此山中”，这也是人性的一种悲哀。这个老乞丐真是个具有讽刺意味的人物，他对于别人的贪心及破落的结局认识得多么清楚，并自称是个最知感激与适可而止的人。然而，当真正的诱惑出现在面前时，他同样不能自持。

人的欲望就像个无底洞，任万千金银也是难以填满的。人生中该收手时就要收手，切莫让得到也变成了另外意义上的失去。合理地放弃一些东西吧，因为只有这样我们才能得到更珍贵的东西。

有两个巫师的孩子，从生下来就生活在幽暗的古堡中。由于卧室的窗户整天都密闭着，他们的屋内很阴暗，看到外面阳光灿烂，觉得十分羡慕。有一天，王子的军队攻下了这个古堡，囚禁了巫师，给在黑暗中生活的人们以自由。兄弟俩商量说：“我们可以一起把外面的阳光扫一点进来。”于是，兄弟两人拿着扫帚和簸箕，到阳台上去扫阳光。

等他们把簸箕搬进卧室里的时候，里面的阳光却没有了。这样一而再、再而三地扫了许多次，屋内还是一点阳光都没有。他们只好去找王子。兄弟两个站在那儿半天不敢说话。最后王子问道：“你们在做什么？”他们回答说：“房间太暗了，我们想扫点阳光进来。”王子笑道：“只要把窗户打开，阳光自然会进来，何必去扫呢？”

人性中天然带有很大的自闭倾向。人总是习惯于埋藏自己、封闭自己，将心门关得死死的。把心灵的窗户打开，外面的阳光就会照射进来；把封闭的心门敞开，灿烂的阳光就能驱散人性中的阴霾。

开解心结小妙招

不要盲目模仿，要保持自己的本色

在生活中，追求一个并不适合自己生活模式的人很难获取成功，也很难获得幸福。保持自己的本色，在顺其自然中充分发展自己是最明智的。每个人都有自己的特色，就像世界上没有相同的两片树叶，同样，世上也没有一模一样的两个人。特别是在这个社会，个性独特的人往往有更多的机会。

不要害怕承认错误，犯错并不可怕

漫漫人生路上，犯错是在所难免的。犯错后，很多人都不愿去承认、去面对，这是人性的弱点。其实，人非圣贤，孰能无过？即使是伟人、名人也都会犯错，何况我们这些普通人？犯错后大方承认，并努力做出调整，总结经验，避免日后再犯同样的错误，这才是我们应有的态度。

不要太自私，要站在对方角度

自私是人性的一大弱点，所谓“人不为己天诛地灭”，每个人都有自私的一面。当人们能抛弃自私，多站在对方的角度看问题，那么世界就会少一些争论，少一些战争。

四、培养高贵的品质

品质是一个人精神的境界和高度，拥有高贵品质的人，通常都能拥有更成功、更幸福的人生。尤其在如今这个浮躁、功利的社会，越是要做一个有高贵品质的人。因为，高贵品质能够让你的头脑保持清醒，能让你的心灵保持纯净，能让你躁动的心保持平静。所以，培养高贵的品质能够让你的人生更加丰富多彩，也能助你取得成功。

一户人家门前的大树上，站立着一只贪婪的乌鸦，而对面人家的门前，正有一只黄狗在吃它的午餐——一根肉骨头。

乌鸦张大着嘴巴，望着正津津有味啃骨头的看家狗，心里很不平衡“为什么它有骨头而我没有？我要把骨头抢过来！”于是，乌鸦看准一个机会，像鹞鹰似的猛扑过去，对准黄狗的头部奋力一击。

看家狗没有提防这突如其来的进攻，就连这一下是谁打的它也没弄清楚，于是头也不回地钻进了门洞，而那块骨头也落在了洞口前。

蛮横的乌鸦非常得意，哈哈大笑起来："原来黄狗也不过如此嘛！果然在我乌鸦大人的一击之下变成了丧家之犬，这下骨头成了我的啦！"

乌鸦一下子抓住了那块大骨头，想把它带回树上，不料这骨头实在太重，任凭乌鸦用尽了浑身气力，骨头就是纹丝不动，乌鸦心想："那我就在这里吃吧。"

看家狗定了定神，重新蹿出门洞，要和入侵者大战一场。当他看到刚才袭击自己的只是一只乌鸦时，不禁勃然大怒，它一把抓住了乌鸦的翅膀，顿时，羽毛飘零。乌鸦想要趁机逃跑，却已经失去了机会，被黄狗一口咬断了脖子，只见它拼命挣扎了几下，便咽气了。

没有给自己准确的定位，为了得到诱人的利益而失去理智，去争夺、去占为己有，这种事情经常在我们的生活中演绎。这是人类贪婪、唯利是图本性的体现。但是，对于不适合自己的利益要懂得适时放弃，不可胃口太大，否则，也许失去的会更多。

所以我们要知足，知足才能常乐。这是我们应该具有的品质，因为人往往因为不知足而产生过多的欲望，欲望越多就越觉得自己拥有的很少，于是，终日劳累奔波，无法感受人生的快乐。只有满足才能让我们有去捕捉阳光的时间，才能有让阳光洒满心房的机会。

在美国，有一种家喻户晓的美食"琼斯乳猪香肠"，谁能想到这是该食品的发明人与命运作斗争的成果。他用积极的心态，不仅开创出了自己人生的新格局，也丰富了人们的生活。

琼斯原来在威斯康星州农场工作。当时虽然生活贫穷，但他身体强壮，工作认真勤勉，生活还算美满。

可是，一次意外事故改变了琼斯的命运。他瘫痪了，躺在床上动弹不得。亲友都认为他这一辈子就这样了，他也一度陷入绝望的阴影里，痛苦得无法自拔，埋怨这都是上帝的安排，命运对他不公。

一天，母亲对他说："琼斯，我不愿意听到你说，我们生活的糟糕是上帝的意愿。你的身体虽然瘫痪，你还可以用脑思考啊！我们贫穷是因为你父亲从来就没有产生过致富的愿望，我们家庭中的任何人都没有产生过出人头地的想法。"

母亲的话在琼斯的心灵深处刻下了深深的烙印。"是啊！我的双手虽然不能工作了，但我要开始用大脑工作。"他决心让自己乐观、快活一些，让家庭也因此活得充满希望。从此，他致富的愿望就像火花一样迸发出来。每天，他把对自己有价值的信息和快乐、积极的想法放在心中，而把不需要的和消极的东西抛到九霄云外。

他思考多日，最终把构想告诉家人："我们的农场全部改种玉米，用收获的玉米来养猪，然后趁着乳猪肉质鲜嫩时灌成香肠出售，一定会很畅销！"

老天不负有心人，事情果然不出琼斯所料，等家人按他的计划做好一切后，"琼斯乳猪香肠"一炮走红，成为人人知晓、大受欢迎的美食。

显而易见，在我们陷入困境时，最要紧的不是一味地埋怨和咒骂，而应该抓住心中仅有的希望，战胜黑暗，摆脱困境。只要希望还在，信心还在，我们就有勇气和力量去战胜人生旅途中的千难万险，敢于追梦就能赢。

无论面对怎样的困境，我们都要有"不抛弃不放弃"的精神品质，因为命运是把握在自己的手上，只有自己才能主宰自己的人生。这种品质能够让我们在面对艰难困苦时永不言败，能够让我们朝着自己的目标一直前进，直到成功。

一个固执的人在烈日下急匆匆地赶路。他热得大汗淋漓，却不肯扇扇子。一只鸟儿飞过来，对他说：“你为什么不肯扇扇子呢？”

“哼，我要靠我自己活在这个世界上，不需要任何外力的帮助!”

“我用翅膀为你扇风吧。”

“走开点！我宁可热死，也不需要任何外力帮助!”固执的人继续走他的路。

他来到一条很宽很深的河边，他过不去了，站在岸边。

“去找渔家借条船吧，你会很快渡过河去的。”那只鸟儿又追来了。

“哼!借？我长这么大，从来没向别人借过东西！我要靠我自己过河。”固执的人说。

固执的人说完，径直朝河里跳去，一会儿，他就沉了底。“唉!这个人真是太固执了。”鸟儿叹了一声飞走了。

人都有固执的一面，只要认定一个方向是对的，就会一如既往地向前进，而不去考虑会遇到什么险阻，也不去思考是否还有更好的路可走，大有不撞南墙不回头之势。一旦固执起来，听不进别人的劝告，拒绝接受别人的帮助，认为自己可以成就一切，直到遭受失败也不懂得悔悟。

其实，生活中许多事情需要我们有变通的思想，只有变通才能让生活的道路变得更加平坦。当你走不下去的时候，不妨停下来，多想想，多看看，转变一下思路，或许你会豁然开朗。

解心结小妙招

多读书

培养高贵的品质是一个漫长而艰难的过程。老子说："大器晚成，大方无隅，大音希声，大象无形"，真正的高尚品德和卓越能力都是经历长期的磨砺，融合在平淡常态里面，在无形无声中显现。多读些励志类的书，对于修身很有好处。毛泽东一生酷爱读书，他说过："我一生最大的爱好是读书"。"饭可以一日不吃，觉可以一日不睡，书不可以一日不读"。他一生嗜书为命，直到临终前还在索书。"欲知大道，必知文史"，正因为他熟读文史，他才成就大德，他才如此警醒自己不当李自成，才如此亲民爱民，打下江山。

注意良好的生活习惯

中国古代先贤就认为，"积土成山，积水成渊，积善成德"。同样，人的不良品德，一种恶习的形成，也是日积月累的。因此，古人说"冰冻三尺，非一日之寒"，"千里之堤，溃于蚁穴"。我们的祖先对于生活经验的朴素总结真实地反映了"质变是由量变积累而成的"这个哲理。因此，我们不能忽视那些看似简单却又平凡的生活小事。没有良好的生活习惯，就会让恶习主导我们的生活，高贵品质也就无从培养了。

五、人生羊皮卷

每个人都希望获得幸福和成功，一个人要去做什么，决定权在自己，成败的结果可以说是个人的奋斗造成的。要成功必须有足够的时间和精力的投入。如果思想上松弛，或者不想投入，那么，成功之梦必然成为泡影，因此，希望成功的人们一定要有能够取得成功的方法。那么究竟怎样获得幸福和成功？秘诀是什么？

听过这样一个故事：有一个渔夫从海里捞到了一颗漂亮的珍珠，非常喜欢。但是，令人遗憾的是，珍珠上面有一个小黑点。

渔夫想，如果能把这个小黑点去掉的话，这颗珍珠将成为无价之宝。于是，他把珍珠去掉了一层，但是黑点仍在。再剥一层，黑点依然在。

最后，黑点没有了，但珍珠也不复存在。

追求完美是人们孜孜以求的最高境界。可是世间却没有人敢打包票地说自己就是完美的人，做过一件真正完美的事。

美好的事物是我们追求的，但是一旦追求过分，那就未必是一件好事了。所谓完美，不过是美丽的陷阱。一旦陷入进去，你不但对自己的糟糕处境浑然不知，而且还心甘情愿地折磨自己，以至于越陷越深，不能自拔。

留一点余地给自己，给自己的不完美剩下一个小小的空间，那个小小的空间就叫遗憾！因为一点点的缺失，完美不再是完美。可正因为这一点点缺失，却成了一种有了遗憾的真实！这遗憾又可能成为我们追求完美的动力！倘若什么都圆满了，那么我们还追求什么呢？

因此，留下一点小的瑕疵又有何妨？任何事情只要我们努力，做到最好就可以了。

接受那些不能改变的，这是一句听起来多么无奈的话，像是一种懦弱与无能的态度。其实，生活中有很多事情都是不以我们的意志为转移和改变的。不够完美的人和事随时都存在。我们不喜欢它们，并不代表它们就不存在。有些事情既然存在，我们又无法去改变，那么就耐心地接受吧。

不要钻牛角尖，一味地追求自己的完美理想。比尔·盖茨给年轻人的忠告：许多残酷的事实，我们是无法逃避和无所选择的，抗拒不但可能毁了自己的生活，而且也许会使自己的精神崩溃。因此，在无法改变不公和不幸的厄运时，要学会接受它、适应它。

每个人都有自己的优点和缺点，我们要做的不是穷极一切力量去改变自己的缺点，而是要更好地发挥自己的优点。

很多时候，我们对自己期望太高，希望自己这也做得最好，那也做得最好。但是，一个人的时间和精力是有限的，若是把时间和精力投入到自己的劣势上的话，如果运气好，还有可能改变一点点，但过程却相当地漫长，而自己的优势也会在自己的怠慢之下没有了可以发展的空间；如果运气不好的话，就会痛苦地生活一辈子，一生都处于自卑中，到最后，自己的优势不复存在，劣势却依然存在，甚至被自己所强化，变得更加强大，最终我们只能以惨败收场。

人无完人，一个人再怎么努力，都没法做到绝对的完美。若是能够做到完美无缺，那他就不是人，而是神了！

在法国南部的一个小乡村里，据传有一个常会出现神迹的水泉，可以医治各种疾病。

某日，有一个少了一条腿的人，拄着双拐一跛一跛地走到水泉旁。一旁的村民看到，略感同情地说："也许，这个可怜的家伙是要向上帝祈求再有一条腿吧！"

那个人听到了旁人的议论，转过身笑笑，说了一句话："我并不是因为再想得到一条新的腿而向上帝祈求，而是要感谢他帮助了我，让我在失去一条腿后也知道如何过日子。"

学习对所失去的感恩，同时接纳这个事实。人生纵然得失相伴，却总是要让自己的生命充满亮丽与光彩。一味沉浸在失去的痛苦中，永远看不到光亮。不妨怀着感恩的心，感恩所拥有的，感恩失去带给你的教训。因为即使你再怎么后悔、抱怨，都无法改变过去所发生的事，那么为什么不放过自己呢？把握当下，挑战自己，迎接未来，你的人生才能不再灰暗。

有一天，有一个人来到一个山脚下，看见在一片绿草丛中有一位牧童骑在牛背上，吹着横笛，逍遥自在。他走上前去问道："你看起来很快活，能教给我解脱烦恼的方法吗？"

牧童说："骑在牛背上，笛子一吹，什么烦恼也没有了。"

他试了试，却无济于事。于是，他又开始继续寻找。不久，他来到一个山洞里，看见有一个老人独坐在洞中，面带满足的微笑。他深深鞠了一个躬，向老人说明来意。老人问道："这么说你是来寻求解脱的？"

他说："是的！恳请不吝赐教。"

老人笑着问："有谁捆住你了吗？"

"没有。"

"既然没有人捆住你，何谈解脱呢？"

他蓦然醒悟。

我们又何尝不是像这个人一样四处寻找解脱的途径？殊不知，并没有谁捆住你的手脚，真正难以摆脱的是困于心中的那个瓶颈。打破心中的瓶颈，清除掉心中的垃圾，你就可以在属于自己的天空中自由翱翔。

很久以前，两个饥饿的人得到了一位长者的恩赐：一根鱼竿和一篓鲜活硕大的鱼。其中，一个人要了一篓鱼，另一个人要了一根鱼竿，于是他们分道扬镳了。得到鱼的人原地就用干柴搭起篝火煮起了鱼，他狼吞虎咽，就像猪八戒吃人参果般，还没有品出鲜鱼的肉香，转瞬间，连鱼带汤就被他吃了个精光。不久，他便饿死在空空的鱼篓旁。

另一个人则提着鱼竿继续忍饥挨饿，一步步艰难地向海边走去，可当他已经看到不远处那片蔚蓝色的海洋时，他浑身最后一点力气也使完了，他只能眼睁睁地带着无尽的遗憾撒手人间。

又有两个饥饿的人，他们同样得到了长者恩赐的一根鱼竿和一篓鱼。只是他们并没有各奔东西，而是商定共同去找寻大海。他俩每次只煮一条鱼，他们经